KB240734

빛깔있는 책들 301-1

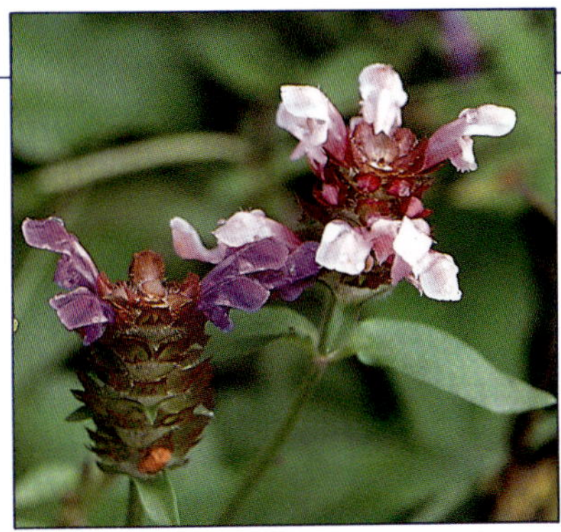

집에서 기르는 야생화

글, 사진/김태정

대원사

김태정 ————————————————

1942년 충남 부여에서 태어났다. 한국야생화연구
소 소장으로 1980년대 민통선 북방 지역 및 서해
외연열도, 안마군도와 백두산 북부·동부·서부
지역 및 북한의 백두고원 학술 탐사, 독도 생태
조사 등의 각 지역 학술 생태 조사에 참가하였다.
주요 저서로『약이 되는 야생초』『집에서 기르는
야생화』『약용식물』『휴전선의 야생화』『우리가
정말 알아야 할 우리 꽃 백가지』『쉽게 찾는 우리
꽃』『한국의 자원식물』『한국야생화도감』『어린이
식물도감』『우리꽃 답사기』외 다수가 있다.

야생화

집에서 기르는 야생화	8
사진으로 보는 야생화	21
노인장대, 며느리씻개, 패랭이, 술패랭이	22
동자꽃, 산꿩의다리, 으아리, 할미꽃	25
동의나물, 애기똥풀, 눈괴불주머니, 피나물	29
금낭화, 냉이, 꽃따지, 기린초	34
돌나물, 노루오줌, 범의귀, 짚신나물	41
뱀무, 딱지꽃, 솜양지꽃, 오이풀	45
차풀, 붉은토끼풀, 토끼풀, 활나물	50
갈퀴덩굴, 이질풀, 수박풀, 어저귀	55
남산제비꽃, 제비꽃, 알록제비꽃, 물레나물	60
까치수염, 좁쌀풀, 용담, 메꽃	66
자란초, 꿀풀, 광대수염, 광대나물	70
섬백리향, 배초향, 솔나물, 마타리	74
잔대, 초롱꽃, 도라지, 톱풀	80
참취, 엉겅퀴, 지칭개, 조뱅이	86
금불초, 씀바귀, 산구절초, 고들빼기	90
왕고들빼기, 우산나물, 벌개미취	96
등골나물, 닭개비, 참나리	99
땅나리, 원추리, 하늘말나리, 무릇	104
처녀치마, 맥문동, 은방울꽃, 산자고	108
타래란, 달맞이꽃, 관중, 고사리	113

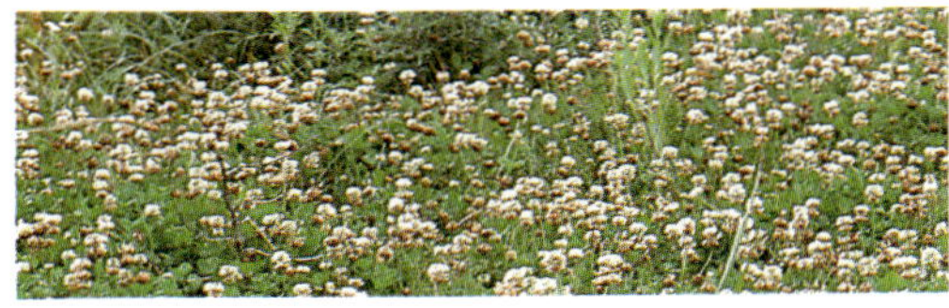

야생화

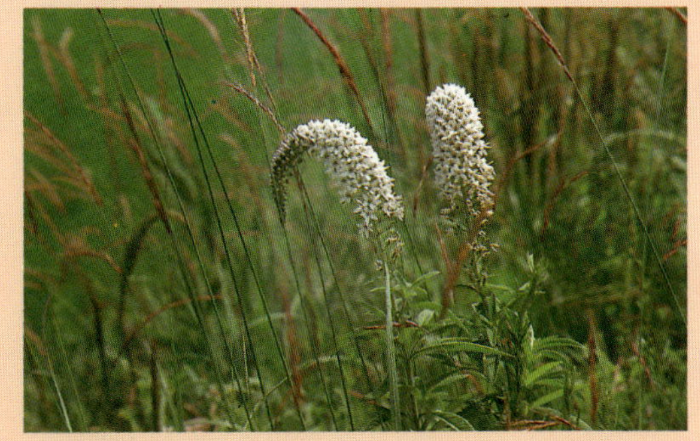

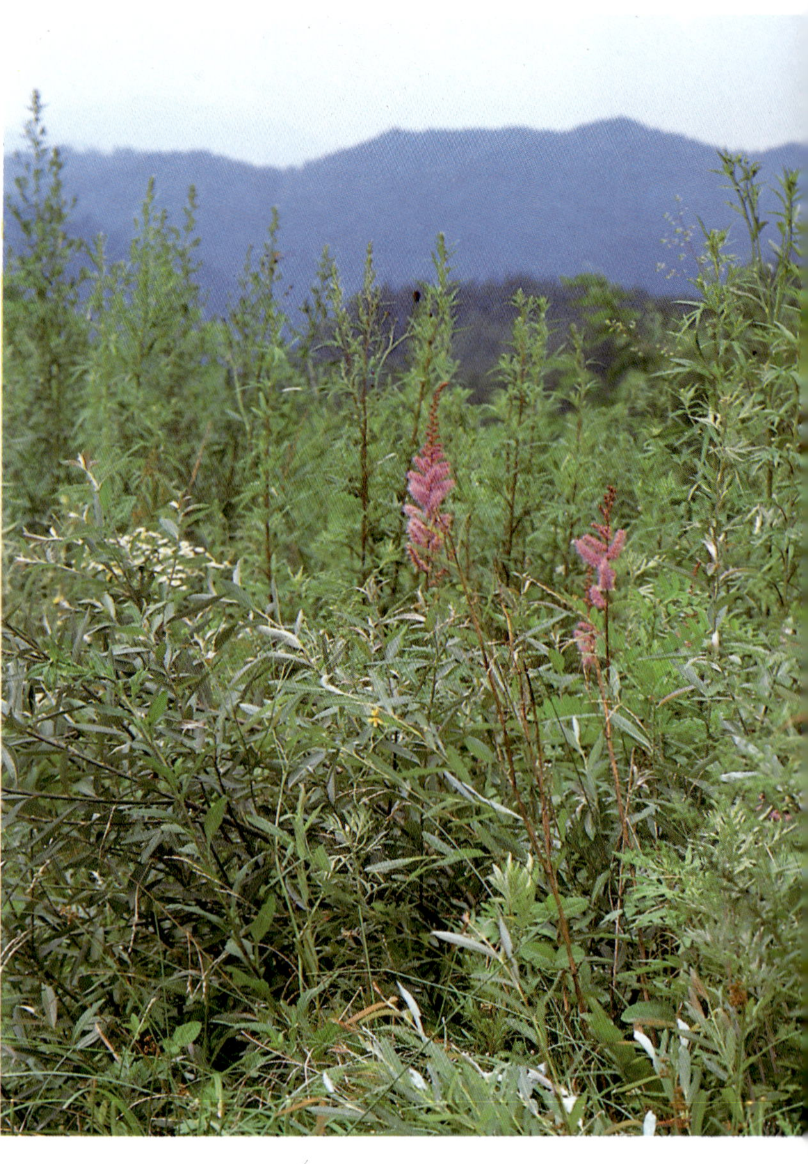

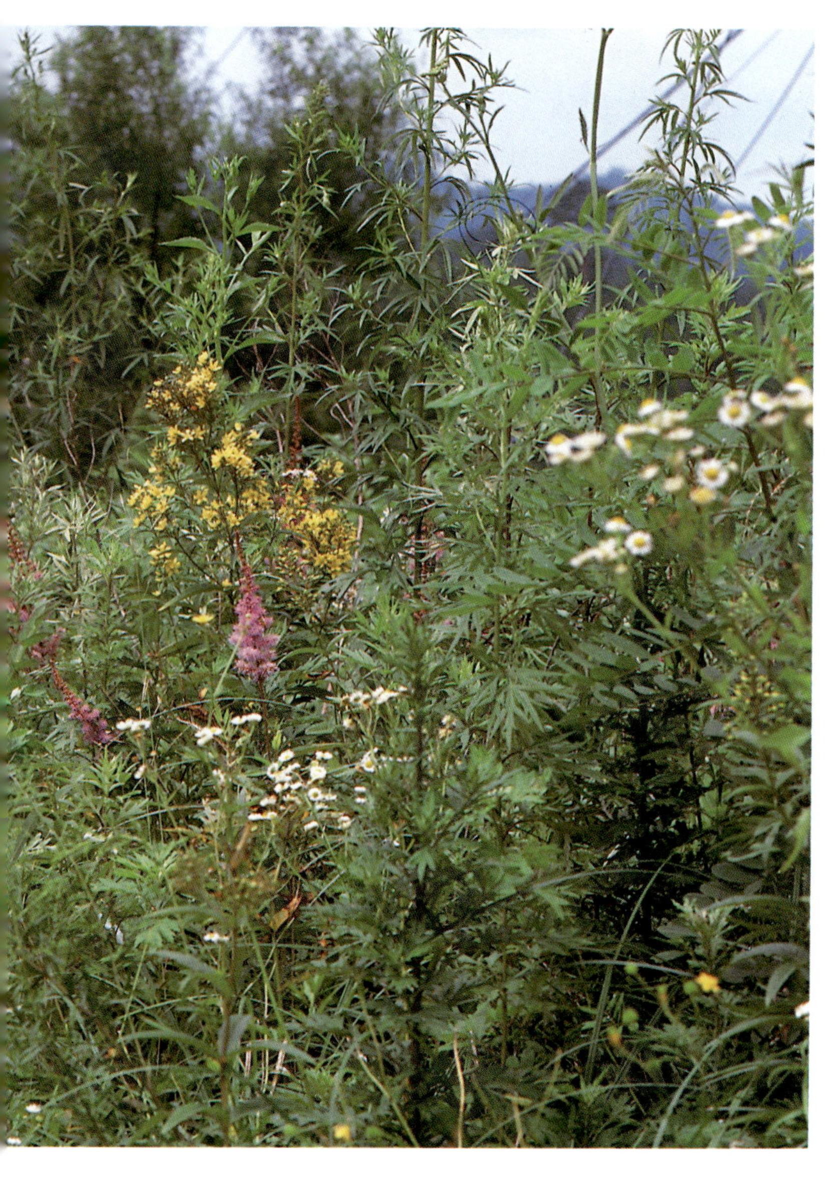

집에서 기르는 야생화

　　예부터 금수강산이라 불리어 오는 우리의 산야에는 수많은 종류의 나무와 풀이 자라고 그 속에서 온갖 생물이 저마다의 삶을 누리고 있다.

　　네 계절이 뚜렷하게 바뀌는 우리의 산야에는 각 계절마다 제각기 다른 종류의 식물들이 자라 꽃이 피고 열매가 열리며, 성장과 번식이 끝나면 눈 덮인 산야에서 겨울을 난 뒤, 얼음이 녹을 즈음이면 다시 새 움이 트는 과정이 계속해서 반복된다. 우리나라처럼 네 계절이 뚜렷하게 변하는 곳도 그리 흔하지 않을 것이다. 이렇게 좋은 기후의 우리 땅은 남으로는 한라산에서부터 북으로는 백두산까지 식물의 종들이 아무 제한도 받지 않고 산맥의 등을 타고 북에서 남으로 남하하며 꽃이 핀다.

　　북쪽의 고산 식물들은 금강산, 설악산, 오대산의 순으로 내려오며 꽃을 피우는데 식물에 따라서는 반대로 따뜻한 곳에서 추운 북으로 올라가는 경우도 있다. 이렇듯 대자연 속에서의 모든 생물들은 제각기 자기의 종족을 번식하고 자기 삶의 영역을 넓히기 위해 이따금 자연의 섭리를 거역하는 일이 벌어지기도 한다.

우리의 땅은 열대 지방과는 달리 봄이면 봄대로 잎이 나오기 전에 꽃이 먼저 흐드러지게 피는 나무들이 있는가 하면, 다져진 흙을 뚫고 작은 생명이 올라와 꽃을 피우는 풀들도 있어 우리의 봄은 온 산과 들이 꽃으로 뒤덮인다. 여름에도 많은 꽃이 피지만 푸른 나뭇잎에 가려져 잘 드러나지 않을 뿐 꽃이 피는 종(種)의 수는 다른 계절보다 오히려 더 많다. 가을이 되면 나무와 풀들은 종자를 맺어 바람에 날려 보내고 잎은 시든다. 그러나 날아간 종자는 먼 산 혹은 먼 바다를 건너 섬까지 날아가 그 곳에서 다시 번식을 시작한다.

예부터 선조들은 이 나무 가운데 좋은 품종을 골라서 정원수로 이용했으며 풀 가운데에서도 운치가 있는 종을 골라 화초로 이용하였다. 지금에 이르러서는 이러한 자연종(自然種)을 개량하고 인위적으로 꽃의 색깔을 변화시키거나 꽃잎을 더 크게 만들어 다른 나라로 수출도 하고 또 그렇게 개량된 남의 꽃을 수입하고 있지만 이 꽃들은 자연미가 없어 쉽게 실증을 느끼게 하기도 한다.

이에 비해 우리 땅에서 대대로 이 땅을 지켜온 야생꽃들은 비록 작고 화려하지는 않으나 그 꽃의 모양과 온화한 색깔, 그윽한 향기는 외지의 것에 비해 다른 맛이 있어 좋다. 자연의 계절 변화에 따라 피는 꽃은 그 색깔부터가 인위적으로 만들기 어렵다. 야생꽃들은 대개 추운 지방에서 피는 꽃일수록 그 색깔이 청초하며 모양은 오묘하기 마련이다. 또한 밀원(蜜源)의 자원(資源)도 다른 것에 비해 풍부하다. 꽃들은 비록 작으나 뿜는 향기는 독특하여 이 땅의 체취를 남다르게 한다.

집에서 기르기에 알맞은 꽃들

근래에 들어서는 이러한 아름다움을 직장이나 집안으로 끌어들여, 이를 취미로 가꾸고 기르고자 하는 이가 늘고 있어 야생화에 대한 기초 지식이 새로이 요구되고 있다.

우리나라의 식물은 고산 식물, 준고산 식물, 야지 식물 등으로 구분되는데 고산 지대에 살던 풀이나 나무들은 평지에 옮겨지면 온도가 높은 데다 그 생태 조건이 맞지 않아서 결국은 죽기 마련이다. 준고산 식물도 마찬가지이지만 고산 식물보다도 조금은 위험성이 적다. 하지만 우리의 곁으로 끌어들이기에는 부적합하다.

우리가 집안에서 즐길 수 있는 야생초들은 바로 우리 곁에 있는 것들이 제일 좋다. 곧 야산지, 야지에 자라는 풀들이다. 유심히 살피지 않고 지나쳐 보면 초원의 잡초로 여기겠지만 이들도 모두 이름이 있고, 꽃이 피고 열매를 맺으며 제각기 그 멋을 지니고 있는 것들이다.

이 책에 사진과 더불어 소개된 풀들은 모두 우리 주변에서 그 아름다운 색깔로 꽃을 피우는 것들이되 묻혀서 빛이 나지 않을 뿐이다. 이 야생초들도 가지런히 정돈되게 화단이나 화분에 심어 놓으면 멋진 화초가 된다. 단지, 배려해야 할 일은 높은 산이나 깊은 산골짜기에서 귀한 종의 야생초라 하여 집으로 가져와 죽이게 되면 결국은 귀한 종이 줄고 자연은 자꾸 훼손되기 마련이라는 것이다. 우리는 자연이 훼손되지 않는 범위에서 얼마든지 많은 종을 찾을 수 있고 기를 수 있다. 다시 말하면 우리 주변의 것들은 우리의 생활 환경과 익숙한 생태 여건에서 자라 왔기 때문에 재배하기가 좋을 뿐더러 그 종의 수도 대단히 풍부한 셈이다.

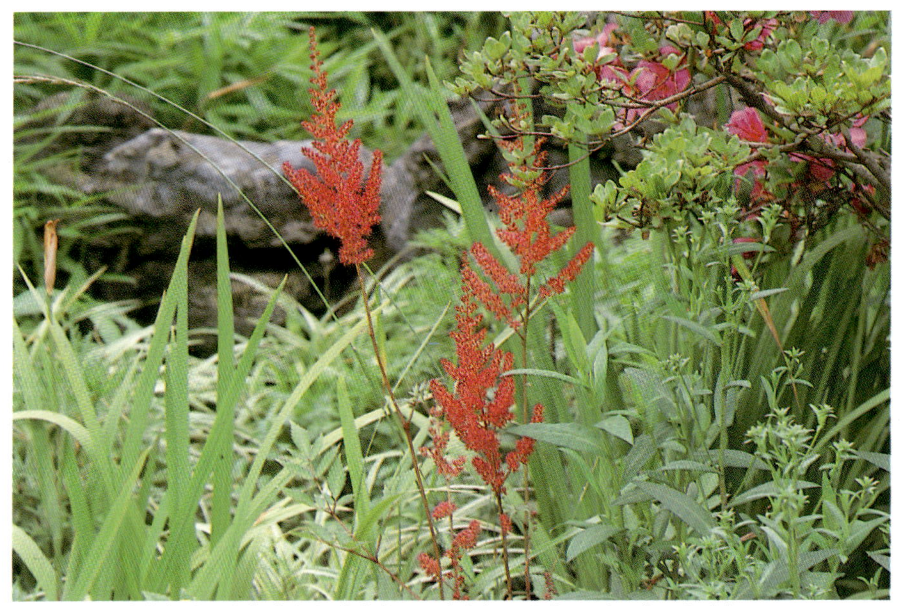

야생화 화단　집에서 기르기에 알맞은 야생화들로 화단을 꾸미면 그 나름대로의 멋을 지닌다.

종자 채취와 옮겨 심기

　야생화를 집에서 키우는 재배 방법에는, 풀포기를 옮겨 심는 것과 또 여름부터 가을에 이르기까지 종자가 익으면 종자를 채취하여 심는 방법이 있다. 이 방법도 모든 풀 종류에 해당하는 것은 아니지만 대개는 종자 식물들이 우리 주변에 흔히 자라고 있으므로 자연 번식처럼 오히려 더 좋을 수도 있다.

　이들 야생초의 종자들은 대부분 겨우내 얼었다 녹았다 해야 봄에 싹이 트는 것이 많다. 곧 야생 식물이니까 야생 상태로 보관해 주면 된다. 종자가 열릴 때면 모두 비슷한 것들이 많기 때문에 어려움이 없지 않다. 그러므로 꽃이 필 때 그 풀잎의 모양이나 자라는 위치를

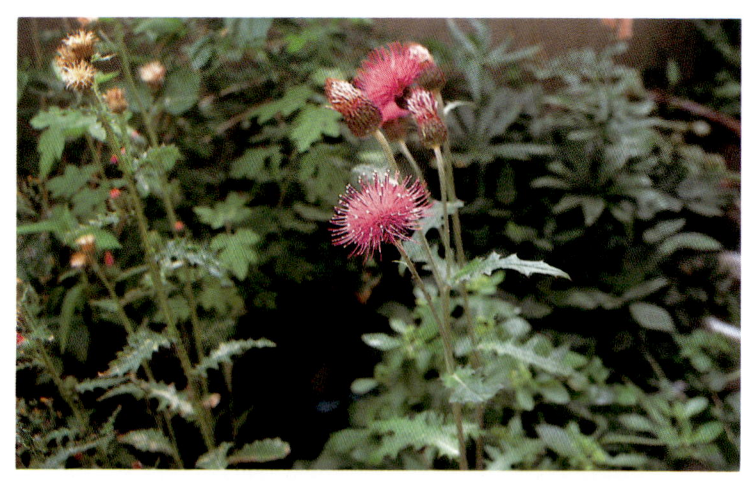

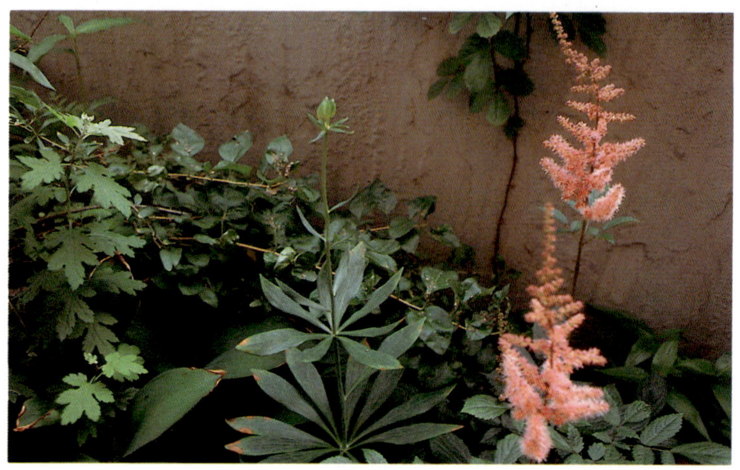

야생화 화분　풀포기에서 적당히 분주하여 화분에 옮겨 심으면 잘 자라는 풀들로 화분을 만든다. 위는 화분에 심은 엉겅퀴이고, 아래는 역시 화분에 심은 백합과의 하늘말나리이다.

확인해 두었다가 가을에 씨앗이 익으면 채취하는 것이 좋다.

국화과를 비롯하여 민들레, 씀바귀, 고들빼기, 각시취, 국화류들은 대체로 종자를 채취하기가 쉽다. 꽃이 지고 종자가 익을 때쯤이면 종차의 날개가 하얗게 부풀어서 찾기도 쉽고 채취하기도 좋다. 미나리아재비과의 할미꽃, 동의나물 등도 마찬가지이다.

제비꽃 등은 이른봄에 새싹이 올라올 때에 뿌리에 붙은 흙과 함께 간단하게 떠서 옮겨 주면 잘 자란다. 가을에 흔히 고추를 심었거나 콩 따위의 잡곡류를 심었던 밭, 혹은 채소류를 심었던 밭을 자세히 보면 제비꽃 씨앗들이 날아와서 제법 옮기기 좋은 조건으로 자라고 있다.

이 무렵에 이러한 밭에 흔히 자라는 것들은 조뱅이, 지칭개, 좁쌀풀, 제비꽃, 씀바귀, 고들빼기, 왕고들빼기, 닭개비, 냉이, 꽃다지, 민들레, 쇠비름, 괭이밥, 엉겅퀴, 지느러미엉겅퀴, 애기똥풀, 돌나물, 딱지꽃, 차풀, 어저귀, 자란초, 광대나물, 배초향, 금불초, 무릇, 달맞이꽃 등 수많은 야생초들이다. 이들은 종자가 밭으로 날아들어 다른 작물 밑에서 자라는 것이다.

가을에 이 풀포기들을 적당히 흙을 떠서 옮겨 심어 놓으면 이듬해 봄부터 자라고 꽃이 핀다. 이 때 옮기는 풀들은 다 잘 자란다. 봄에 옮기는 것보다는 가을에 자그마한 어린 풀포기를 밭에서 옮겨 주면 좋다. 먼 곳의 높은 산에 올라가지 않고도 손쉽게 좋은 야생초들의 묘를 얻을 수 있다. 특히 화단을 넓게 조성하고 달맞이꽃이나 엉겅퀴류, 민들레, 씀바귀, 지칭개, 제비꽃 등을 집중적으로 심어 놓으면 봄, 여름, 가을까지 무리지어 꽃이 피며 그 사이사이에 다른 여러 가지 풀들을 심으면 더없이 잘 어울린다. 야생화 화단을 꾸미면서 다른 원예 식물의 꽃들처럼 화려하게 꽃으로 땅을 덮을 것을 기대하면 나중에 실망하게 된다.

넓은 뜰에 가꾸기

우리의 야생초들은 그 꽃이 원예 식물보다 대개는 작고 풀잎 밑에 가려져 피거나 눈에 잘 띄지 않게 자그마하게 피기 때문에 온통 화단을 덮을 정도로 피는 것은 몇 가지 되지 않는다. 다만 계절 따라 오묘하고 청아한 우리의 꽃들이 피는 것을 감상하는 뜻에서 심어야겠다.

길가에 화단이나 넓은 땅을 꽃밭으로 조성할 때에는 국화과의 산구절초, 백합과의 원추리, 꿀풀과의 섬백리향, 양귀비과의 눈괴불주머니, 역귀과의 노인장대, 석죽과의 동자꽃, 국화과의 민들레, 돌나물과의 기린초, 콩과의 토끼풀, 앵초과의 까치수염, 도라지과의 도라지, 국화과의 금불초, 바늘꽃과의 달맞이꽃 등이 좋다.

이러한 풀들은 높이가 모두 일정하고, 꽃이 일시에 집중적으로 개화하며, 꽃이 풀잎 위로 올라와 피기 때문에 넓은 땅에 많이 조성하면 꽃이 필 때에는 일대 장관을 이룬다. 이렇듯 외양도 어느 외국 원예 식물에 못지 않으며, 부근에 접근하면 향기 또한 많이 난다. 특히 섬백리향 같은 경우, 넓은 잔디밭처럼 넓게 조성하여 심으면 6, 7월에 꽃이 필 때면 연분홍색의 구름이 퍼지듯이 멋진 광경을 만든다. 꽃이 피는 기간이 두세 주간 동안 그 향기와 더불어 꿀이 많아서 벌통을 놓으면 천하에 둘도 없는 진귀한 백리향 꿀을 딸 수 있는 꽃이다.

산구절초 같은 경우 화단에 넓게 조성해 놓으면 가을인 9월에 꽃이 한꺼번에 피기 때문에 흰구름이 덮인 듯한 청아한 느낌을 가질 수 있다.

국화의 향기는 우리에게 가을을 듬뿍 안겨 준다. 꽃도 식용하여 국화주로, 줄기는 부인병 등의 약재로 쓰이는 풀이다. 원추리는 여름인 6월 혹은 7월에 한꺼번에 꽃이 핀다. 꽃이 제법 큰 편이며 특히

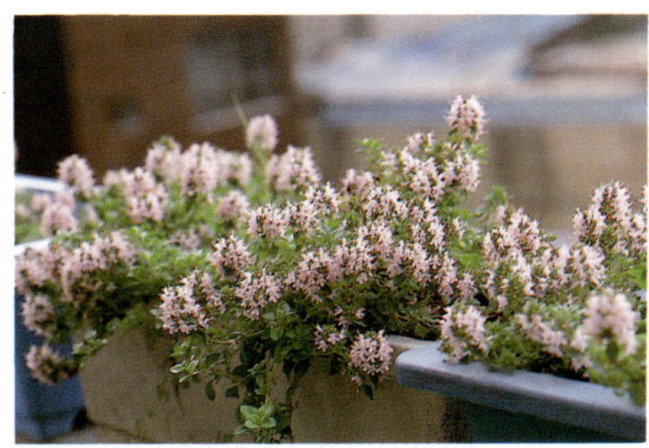

섬백리향 화분 넓은 땅을 꽃밭으로 조성할 때 쓰이는 야생화 가운데 하나로, 꿀과 향기가 많아 백리향 꿀을 딸 수 있는 꽃이다.

이 풀은 여름에 꽃도 보고 꿀이 많으므로 양봉 농가에 좋다.

눈괴불주머니와 같은 속인 산괴불주머니가 있다. 눈괴불주머니는 늦가을 9, 10월에 꽃이 피지만 산괴불주머니는 5월에 꽃이 핀다. 가로변 화단이나 잔디밭 등에 무늬를 만들어 심으면 봄과 가을에 노란 꽃물결을 이루는 꽃이다.

노인장대도 군집하여 심어 놓으면 메밀꽃 필 때처럼 멋진 풍경을 이룬다. 벌이 좋아하는 꽃이므로 양봉 농가엔 더없이 좋다.

동자꽃은 화단에 질서 있게 심으면 7, 8월에 붉은색의 제법 큰 꽃들이 붉은 옷감을 덮은 듯이 너울어지는 꽃이다. 특히 학교 등의 화단에 군집하여 많이 심으면 어울리는 풀이다.

민들레도 흰색과 노란색을 정돈하여 넓은 땅에 조성하면 4, 5월에 멋진 화단이 된다. 특히 이 꽃은 피고 지기를 계속하므로 오랜 동안 많은 꽃을 볼 수 있으며 풀포기의 잎새의 수(數)만큼 꽃대가 올라와 피는 식물이다. 꽃이 다 지고 나면 또 한번 흰 꽃처럼 종자가 멋지게 피는 풀이다.

기린초도 높이가 일정하며 같은 시기인 6월부터 8월 사이에 꽃이 피어 황금 벌판을 이루는 꽃이다. 돌나물도 이 시기에 같은 색의 꽃이 핀다.

까치수염은 넓은 화단에 많이 심으면 꽃이 필 때에는 약속이라도 한 듯 같은 방향으로 휘어지듯이 하얀색의 꽃이 멋지게 핀다. 이 꽃이 피면 나비가 수없이 찾아들어 온통 꽃밭에는 나비로 덮일 정도이다.

도라지는 흰색과 보라색을 구별하여 잘 심어 놓으면 8월에 참으로 청아한 꽃들을 볼 수 있다. 키가 크면 옆으로 쓰러지게 되지만 6월쯤 꽃대를 잘라 주면 옆에서 다시 꽃대가 여러 개 나오고 높이도 적당히 자란다.

금불초는 길가나 화단에 심으면 유난히 황금색의 작은 국화꽃을 많이 피운다. 가는 금불초는 꽃이 아주 작아서 망초꽃만한데 색깔은 황금색이다. 달맞이꽃도 길가의 화단이나 넓은 땅에 군집하여 심으면 여름 밤에 노란 꽃을 보게 되며 낮에는 꽃이 지고, 종자가 열리면 꼭 참깨같이 보여 관상 가치가 있다. 많이 심어 종자를 채취할 수도 있다.

우리의 주변에 흩어져 몇 그루씩 자라기 때문에 별로 사람의 눈을 끌지 못하던 풀들도 이렇게 군집하여 심어 주면 멋진 화초밭이 된다. 지금까지 예를 든 군집하는 것과 패랭이꽃, 술패랭이, 으아리, 할미꽃, 동의나물, 애기똥풀, 피나물, 노루오줌, 금낭화, 범의귀, 오이풀, 활나물, 갈퀴덩굴, 이질풀, 수박풀, 물레나물, 좁쌀풀, 용담, 광대수염, 꿀풀, 배초향, 솔나물, 까타리, 잔대초롱꽃, 톱풀, 참취, 엉겅퀴, 조뱅이, 고들빼기, 왕고들빼기, 우산나물, 등골나물, 벌개미취, 닭개비, 처녀치마, 땅나리, 참나리, 무릇, 은방울꽃, 산자고, 관중, 고사리 등을 적당히 배열하여 심어 주면 철 따라 여러 가지 색깔의 꽃들이 서로 어우러져 그야말로 산야에서 꽃을 보는 것과 마찬가지로 즐길 수 있다.

할미꽃, 금낭화, 돌나물, 범의귀, 솜양지꽃, 붉은토끼풀, 이질풀,

남산제비꽃, 제비꽃, 알록제비꽃, 메꽃, 자란초, 광대나물, 꿀풀, 섬백리향, 초롱꽃, 도라지, 엉겅퀴, 씀바귀, 고들빼기, 산구절초, 닭개비, 하늘말나리, 무릇, 맥문동, 은방울꽃, 산자고, 타래난초 등은 화분용으로 알맞은 풀들이다. 야생초의 화분을 만들 때에는 작은 화분을 쓰지 않는 게 좋다. 되도록이면 조금 큰 화분, 길가에 놓이는 길다란 화분이면 더욱 적당하다.

물 주기와 거름 주기

야생초를 기르며 유의해야 할 것들이 있다. 대체로 원예 식물은 자주 돌보고, 물 주고, 비료도 주어야 잘 자라고 꽃이 피지만 이 야생초들은 정반대이다. 사람이 자주 만져 주고 김을 매주고 하는 것도 좋지 않을 뿐더러 더구나 거름을 많이 주면 절대 안 된다. 키만 크게 자라고 볼품없이 되기 때문이다. 절대로 거름을 줄 필요가 없다.

또한 물을 자주 뿌리게 되면 좋지 않다. 키만 많이 자라게 되므로

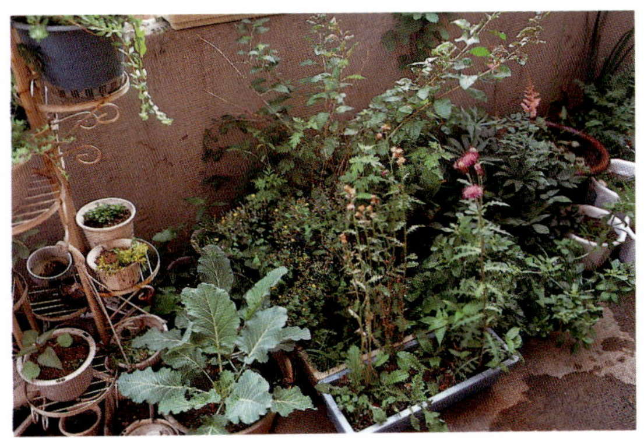

야생화 화분 다른 원예 식물과는 달리 사람의 손질이 거의 필요 없다. 햇볕이 드는 곳에 야생 상태로 놓아 두고, 가끔 물만 주면 된다.

비가 들지 않는 베란다 같은 곳에서만 말라 죽지 않도록 가끔 물을 주면 된다. 화분에 심은 것은 비를 맞는다 해도 여름에 한동안 가뭄이 계속되면 상황을 택하여 물을 준다. 화단에 심은 것이면 가뭄이 올 때나 물을 준다. 화분의 위치는 되도록이면 햇볕이 드는 곳에 놓아 주는 게 좋다. 그늘에서만 자라게 되면 줄기가 가늘고 꽃도 제대로 피지 못한다. 이러한 야생초들의 화분은 겨울철에 안으로 들여 놓게 되면 다음해에 꽃이 피지 않는다. 겨울에는 밖에서 풀잎이 말라 죽어도 그대로 야생 상태처럼 놓아 두면 봄이면 어김없이 새싹이 돋아난다. 더운 데에 놓아 둘 경우 겨울에도 새순이 자라기 때문에 제철에 꽃을 피울 수가 없는 것이다. 혹시 얼어서 죽지나 않을까 하는 생각으로 지나친 배려를 하여 망가지는 일이 없도록 한다.

겨울에도 기르는 야생화

이렇게 야생초만 기르다 보니 겨울에 실내가 삭막하여 취미를 잃게 되는 경우가 있다. 그러나 겨울에 실내에서는 일부 재배되는 종도 있지만 그 수가 대단히 적고, 남부 식물로서 기르기도 대단히 까다롭다. 적당한 원예 식물 등으로 대체하면 된다.

남부 식물 가운데 겨울에 실내에서 기르기 좋은 게 있다. 오갈피과의 팔손이나무이다. 일본에서 들여온 다른 종과 혼동이 되기 쉽다. 이 팔손이나무는 남부 해안 지방에서 겨울에도 자란다. 11월에 하얀 꽃이 피고 3, 4월에 열매가 익는 상록성 식물이다.

중부 지방의 아파트나 실내에서도 꽃을 볼 수가 있다. 이 나무는 여름내 실내에 두면 꽃이 피지 않는다. 여름내 태양빛을 많이 쬐고, 늦가을 추위 오기 전에 실내로 들여 놓게 되면 겨울에 꽃이 핀다. 다만 열매는 맺기 어렵다.

　이 밖에도 마삭줄 등 밭에 심는 꽃나무 등이 화원에 많이 나온
다. 이들은 모두 우리의 야생 식물들이 원예종으로 되어 나온 것이
다. 돌나물 같은 풀은 섬백리향과 같이 실내에 해가 드는 쪽으로
놓아 두고 기르면 겨울내내 꽃은 피지 않지만 푸른 잎은 그대로
자란다.

　한편 고들빼기, 엉겅퀴, 민들레 등은 실내에 놓으면 계속 자란다.
적은 양이지만 몇 가지만 화분에 심어서 겨울 동안 감상할 수 있고
제비꽃, 엉겅퀴, 할미꽃, 민들레, 냉이, 꽃다지, 광대나물, 애기똥풀,
솜양지꽃, 알록제비꽃, 지칭개, 은방울꽃 들은 화분을 겨울에 밖에서
얼리다가 1월 하순쯤이나 2월초쯤 화분을 실내나 비닐하우스 속에
기온이 높은 곳에 옮겨 놓아 주면 원래 꽃이 피는 계절보다 한 달
이상 앞당겨 꽃을 피운다. 이러한 방법은 대개 이른봄 전시할 때
이용하는 방법이지만 아직 눈이 녹지 않은 계절인 이른봄에 야생꽃
을 보려는 경우에 할 수 있는 방법이다.

　이렇듯 우리 주변에서 멀리 가지 않고도 손쉽게 산야의 풀들을
이용하여 그 아름다움을 감상할 수 있으며 나아가서는 자라나는
어린이들에게 우리 것의 중요성을 일깨우는 계기가 됨과 동시에
정서적인 면에서 도움이 된다고 확신한다. 이렇게 하여 한 포기의
풀, 한 송이의 꽃 이름이라도 기억하고 그 풀의 내력과 용도, 어떤
자원이 풍부한가를 알 수 있는 계기가 될 것이다.

사진으로 보는 야생화

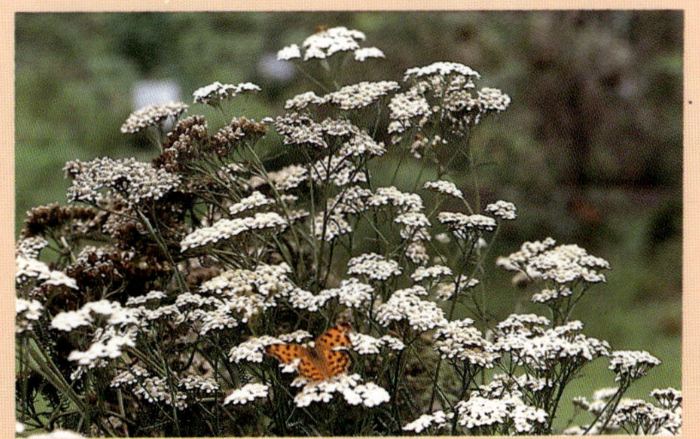

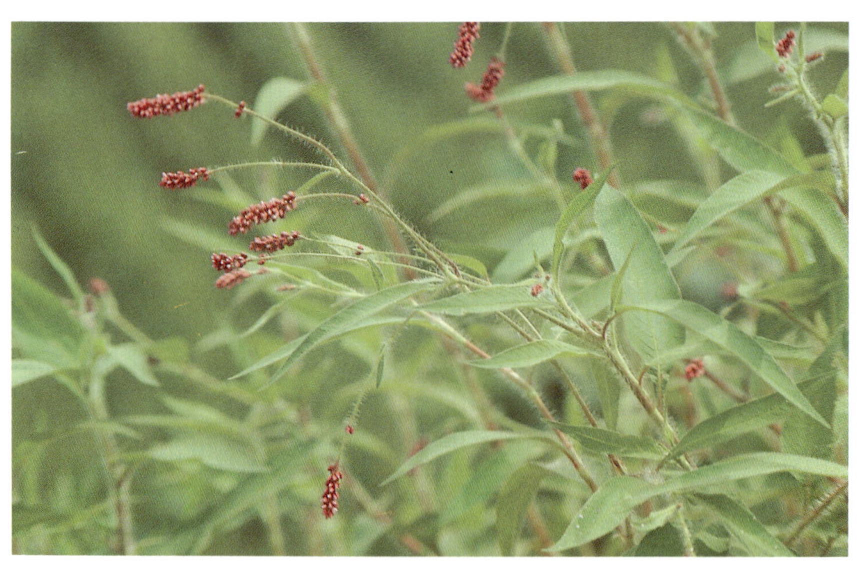

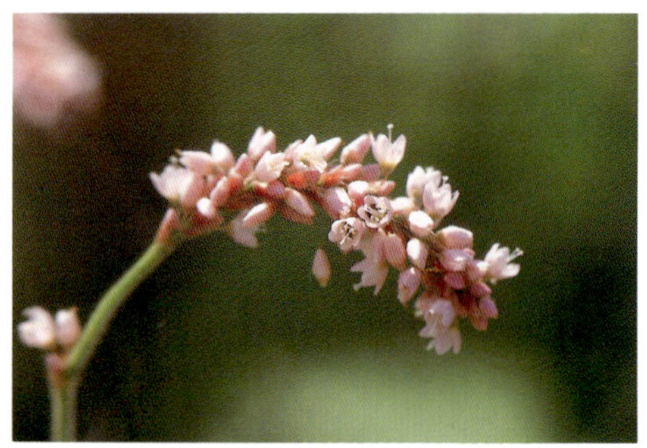

노인장대(蓼草)   Lagunea cochinchinensis Lou var. pilosum Nakai.

말여뀌, 말번디, 털여뀌, 털역귀, 료실(藥名) 등으로 불리는 역귀과의 한해살이풀이다. 원래는 밀원 식물로 재배했던 것인데 지금은 야생 상태로 퍼져 나가 인가 근처의 빈터나 밭둑에서 잘 자란다. 높이 2미터 정도까지 자라며 7, 8월에 홍자색의 꽃이 피고, 9월에 종자가 익는다. 식용, 약용, 관상용, 밀원용 등으로 쓰이며 통경 등의 약재로도 쓰인다. 이 풀은 키가 크므로 집안의 화단이나 길가, 공원 등에 심으면 여름에 각 가지마다 탐스런 꽃이 피고 여러 포기를 군집하여 심으면 보기 좋다. 늦가을에 종자를 받아서 이른봄에 파종하면 여름에 꽃을 볼 수 있는데, 특히 이른봄이나 초여름에 옮겨 심으면 잘 자란다. 이 풀은 양질의 토양을 좋아하므로 우리나라 중부 지방의 야지(野地)에서 찾아야 한다. (위, 아래)

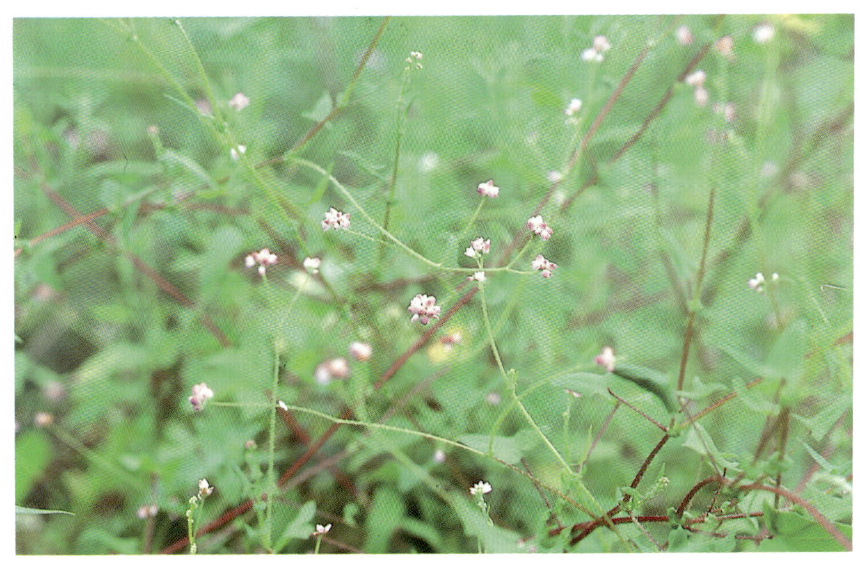

며느리밑씻개(河白草)　Persicaria senticosa Nakai.

며느리밑씻개, 며느리배꼽, 사광이풀 등으로 불리는 역귀과의 한해살이풀이다. 전국의 산야지에서 잘 자란다. 높이 1미터까지 자라고 8, 9월에 연한 홍색의 꽃이 핀다. 식용, 약용, 밀원용, 사료용 등으로 쓰이며 발육 촉진, 피부병, 옴, 통경, 양모 등의 약재 및 양봉, 목초, 퇴비 등으로도 쓰인다. 가냘픈 꽃이지만 생명력이 강하고 여름에 많이 피기 때문에 화단의 한쪽 담 가까이에 심어 두면 좋을 것이다. 다만 이 풀은 줄기에 작은 가시가 많이 돋아나 있는 것이 흠이다. 전설에 의하면 며느리를 학대하던 시아버지가 이 풀을 화장실 앞에 심어 놓고 화장지가 없던 그 시절에 며느리로 하여금 이 풀로 화장지의 역할을 하게 하였다고 한다. 그 며느리의 고통은 이 풀을 만져 보아야만 안다. 이 풀은 이 때부터 며느리밑씻개라고 불려지게 되었다고 한다.

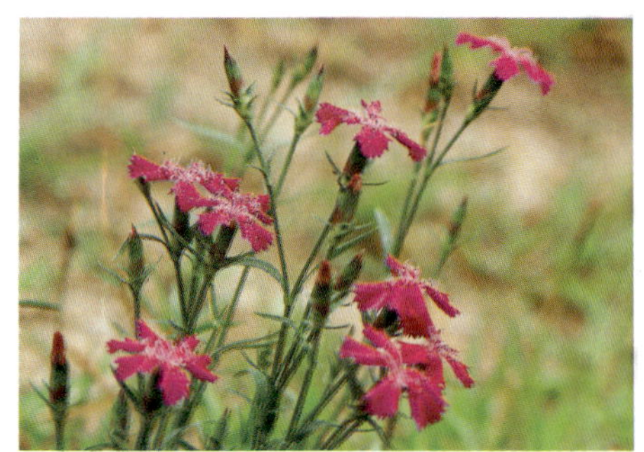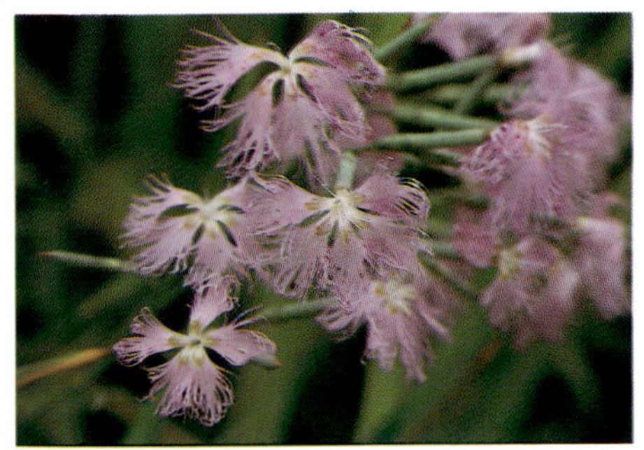

패랭이(石竹) Dianthus chinensis L.

석죽화, 꽃패랭이, 패랭이 꽃, 석죽(藥名) 등으로 불리는 석죽과의 여러해살이풀이다. 전국의 산야지(山野地)에서 자란다. 높이 30센티미터 정도까지 자라며 6월부터 8월 사이에 꽃이 피는데, 홍색 꽃잎 안쪽으로 엷은 무늬가 있고 꽃잎 끝이 톱니처럼 된 것이 특징이다. 약용 및 관상용으로 쓰이며 안질, 석림, 이뇨, 임질, 소염, 회충, 인후염 등의 약재로 쓰인다. 이 풀은 초원지(草原地), 화강암계나 현무암계 등 어느 토질에서나 잘 자라며 특히 전석지(바위가 잘려나간 부분)에서 잘 자란다. 사람들에게 자기의 모습을 자랑이라도 하듯 길가에 많이 피는데 봄에 화분이나 화단에 옮겨 심으면 잘 자라고, 9월에 초원지에서 종자를 받아 이른봄에 화단에 심으면 그해에 꽃을 볼 수 있다. 꽃말은 '평정'이다. (왼쪽)

술패랭이(瞿麥, 石竹) Dianthus superbus var. longicalycina Max.

참술패랭이꽃, 술패랭이꽃, 구름패랭이꽃, 패랭이꽃, 참대풀 등으로 불리는 석죽과의 여러해살이풀이다. 전국의 하천가, 들판의 둑이나 야산지 초원에서 잘 자라는데 높이 1미터 정도 자란다. 꽃은 연한 홍색 바탕에 연한 자주색 무늬가 있으며 꽃잎이 깊게 갈라지며 7, 8월에 핀다. 관상용 및 약용으로 쓰이는데 안질, 석림, 이뇨, 임질, 소염, 회충, 난산, 인후염 등의 약재로 쓰인다. 화단이나 정원, 화분 등에 심으면 여름에 탐스런 꽃을 볼 수 있다. 종자는 9월에 익는데 이 때에 초원지에서 채집하여 이른봄에 화단에 심으면 잘 자란다. 패랭이보다는 약간 습기를 좋아하여 옥토에 심으면 꽃을 많이 피운다. 여름의 초원에서 긴 목을 빼고 기린처럼 고고함을 뽐내는 야생화이다. (오른쪽)

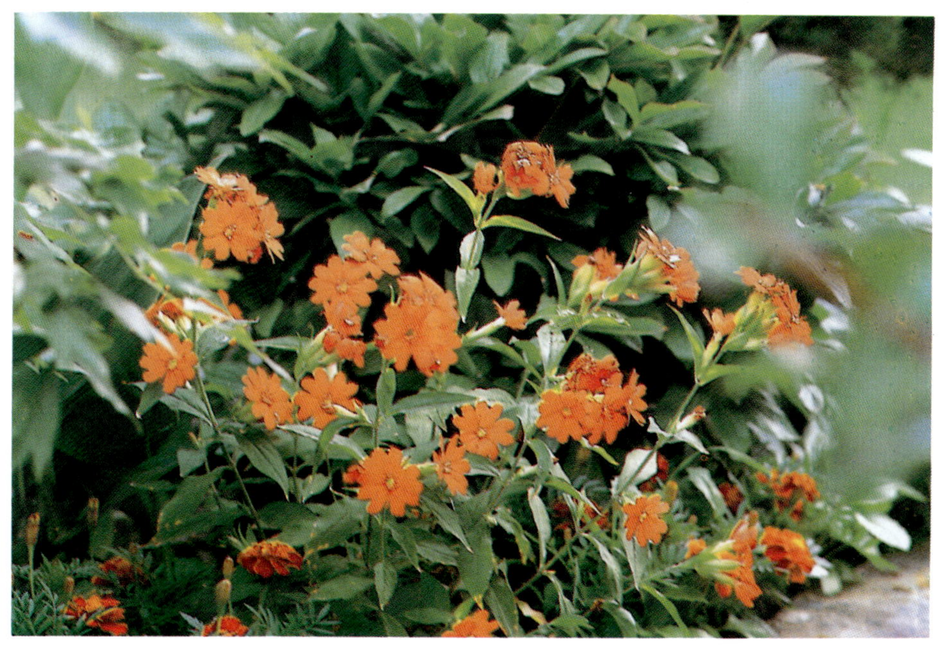

동자꽃(剪秋夢)　Lychnis cognata Max.

동자화 등으로 불리는 석죽과의 여러해살이풀이다. 우리나라 중부 지방의 산야 및 북부 지방의 산지에 자라는데 특히 강원도 북부의 산간에서 많이 자란다. 높이 50~90센티미터까지 자라며 6월부터 8월 사이에 꽃이 피는데 꽃은 수레바퀴 모양으로 황색이 섞인 붉은색이다. 관상용으로 흔히 쓰이는데 온실 재배나 직접 재배도 가능하여 종자가 익는 9월에 종자를 채집하거나 봄에 옮겨 심으면 된다. 꽃이 탐스럽고 많이 피기 때문에 화단에 군집하여 심으면 보기 좋으며 화분에 심어도 잘 자란다. 이 꽃에는 애달픈 전설이 깃들어 있는데 그 내용은 다음과 같다. 어느 겨울, 설악산 골짜기의 조그마한 암자의 스님이 어린 동자를 혼자 두고 잠시 하산하게 되었다. 그러나 눈이 너무 많이 내려 겨울에는 암자로 돌아가지 못하고 이듬해 봄이 되어서야 스님은 산에 오를 수 있었다. 암자 가까이 왔을 때 스님은 동자가 스님이 내려 돌아가는 길목을 바라보고 앉아 기다리다가 얼어 죽은 것을 발견하게 되었다. 그 자리에 가엾은 동자의 무덤을 만들었는데 그 무덤에서 이름모를 풀이 자라 여름에 꼭 동자가 웃는 것처럼 고운 꽃을 피웠다. 이 꽃은 마을 쪽을 바라보고 있는 듯이 피어 있어 죽은 동자의 한이 꽃으로 피어났다고 하여 이 때부터 동자꽃이라 불렀다 한다. 이 전설을 증명이라도 하듯 지금도 모두 산 아래쪽을 향하여 꽃이 핀다. '기다림'이란 꽃말의 이 풀은 여름 초원의 멋진 야생화이다.

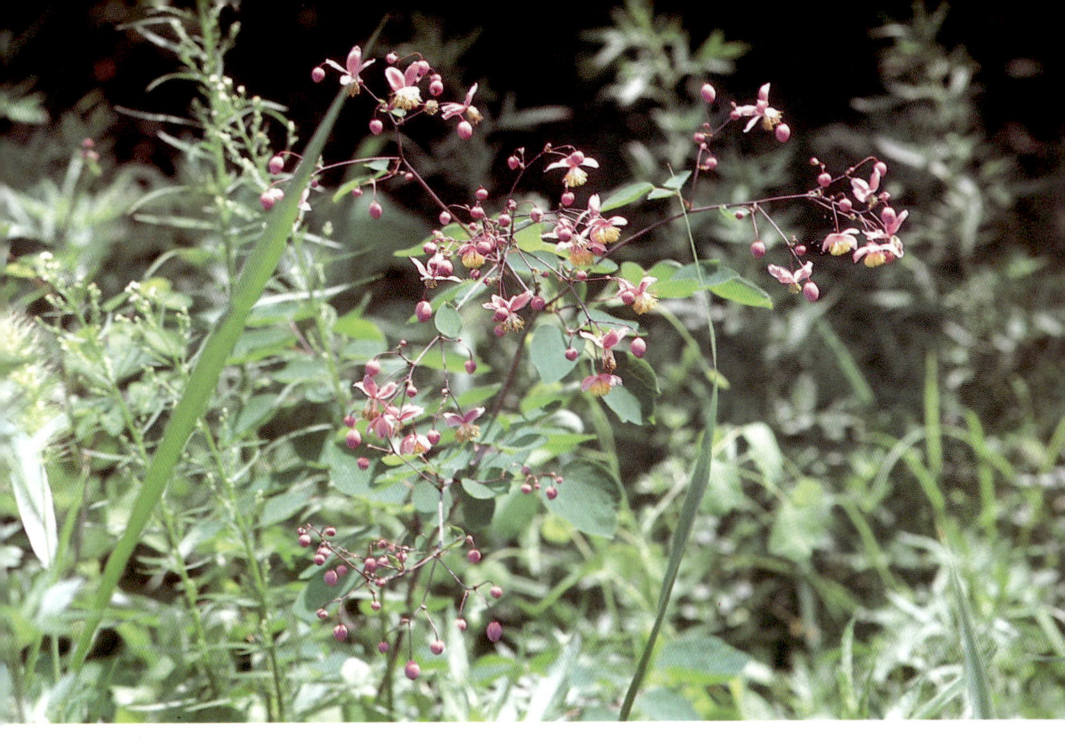

산꿩의다리(深山唐松草)　Thalictrum tuberiferum Max.
미나리아재비과의 여러해살이풀이다. 전국의 산지에 자란다. 키는 50센티미터 정도이고 7, 8월에 꽃이 핀다. 그러나 꽃잎은 없으며 자주색 꽃받침이 꽃잎처럼 보이는 것이다. 곧 이것마저 떨어지고 꽃술만 남는다. 어린 잎은 식용으로도 쓰인다. 이 풀은 9월에 종자가 익는데 가을에 종자를 채집하여 봄에 심거나, 봄에 풀포기를 분주하여 심어 놓으면 여름에 꽃을 볼 수 있다. 풀잎의 모양이 예쁘지만 꽃대가 높이 자라기 때문에 정원의 담벽 가까이에 심으면 좋은 풀이며, 화분에 심는 키가 작은 종이 따로 있다. 이 풀은 종에 따라 꽃술의 색깔이 여러 가지 있으며 야산의 그늘진 수림지에서 흔히 자라는 풀이다.

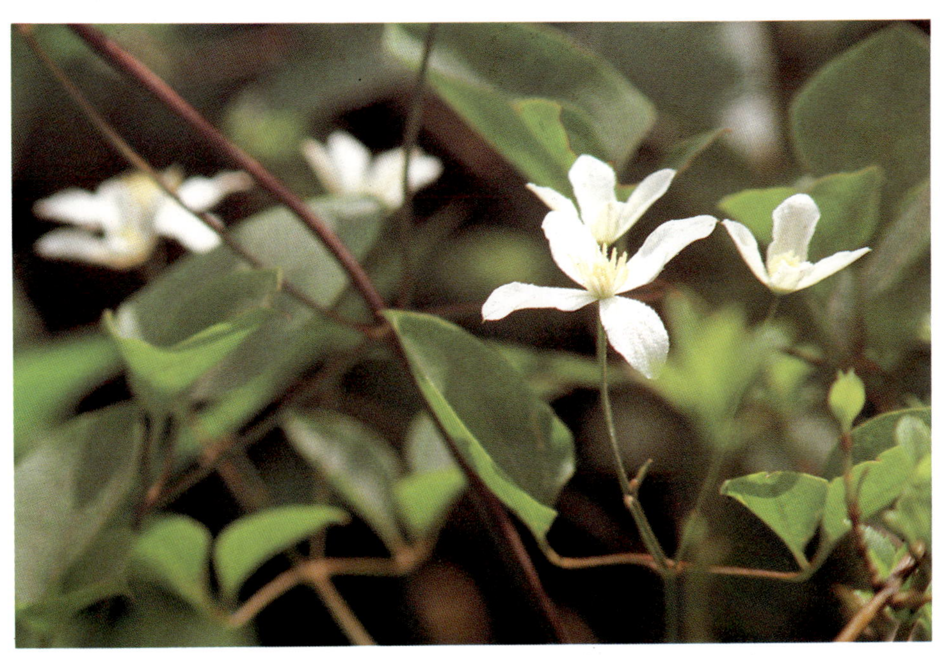

으아리(威靈仙)　Clematis mandshurica Max.

　외대으아리, 큰꽃으아리, 고추나물, 마음가리나물, 선인초(藥名), 위령선, 천교 등으로
불리는 미나리아재비과의 덩굴성 낙엽관목이다. 전국의 산야에 자란다. 이 풀은 유독
성 식물이므로 뿌리를 약재로 쓰기도 하지만 함부로 사용할 수 없다. 천식, 풍질,
각기, 파상풍, 악종 등의 약재로 쓰이는데 덩굴은 길이 3~5미터 정도 뻗어 나간다.
8월에 백색으로 꽃이 피는데 꽃잎은 4개이며 10월에 종자가 익는다. 꽃이 청렴하여
정원에 심으면 여름에 하얀 꽃들을 볼 수 있어 관상용으로도 좋다. 들판의 구릉지
등에 많이 자라는 이 식물은 종자로 심을 수 있지만 시일이 많이 걸리므로 나무의
뿌리를 캐내어 가지를 분주하여 심는 것이 좋다.

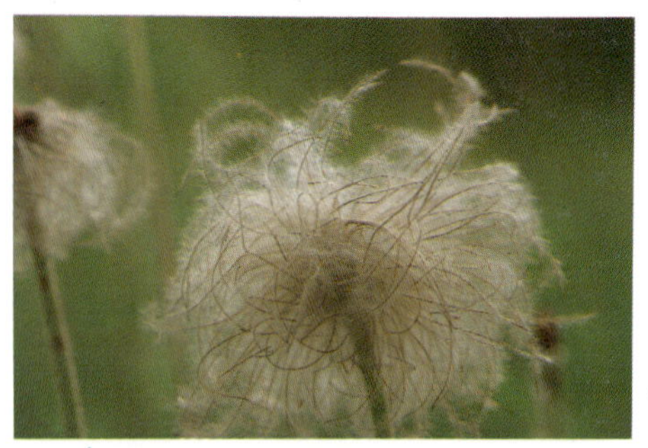

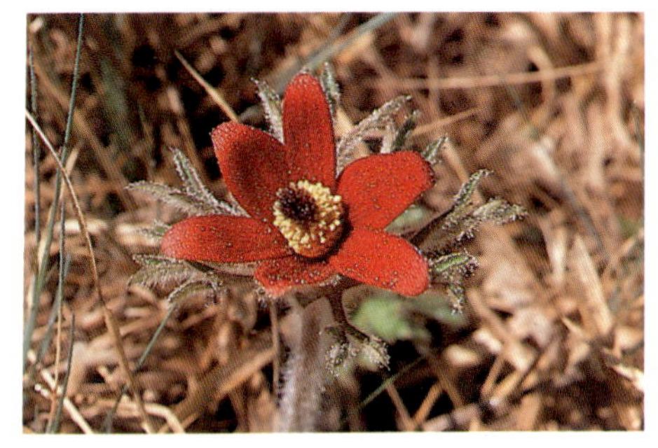

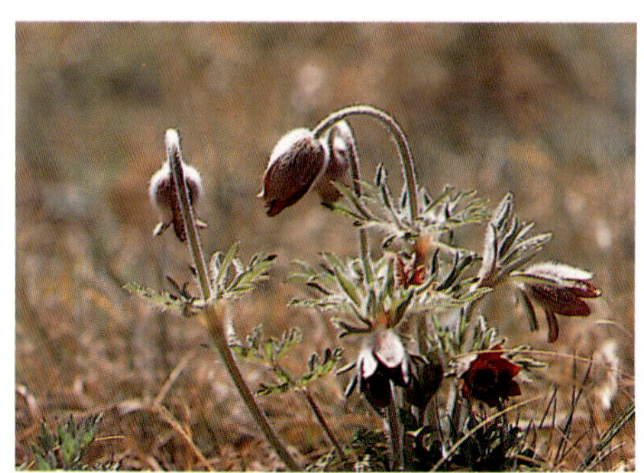

할미꽃(白頭翁, 老姑草)　Pulsatilla Koreana Nakai.

　백두옹(藥名), 할미꽃뿌리 등으로 불리는 미나리아재비과의 여러해살이풀이다. 우리
나라 중부 지방의 산야 양지 쪽 초원에서 잘 자란다. 높이 40센티미터까지 자라며
4, 5월에 흑자색 꽃이 고개를 숙여 핀다. 이 풀은 꽃과 줄기에 가는 털이 많은 것이
특징이다. 종자는 5월에 익는데 바람에 날린다. 관상용 및 약용으로 쓰이는데 진통,
지혈, 소염, 건위, 풍상, 수렴 등의 약재로 사용하지만 유독성이 있다. 관상용으로
화단이나 화분에 심고 충분히 거름을 주면 탐스런 꽃을 많이 피운다. 재배법은 종자
를 심는 것과 분주법이 있는데 5월에 하얀 머리털같이 된 종자를 채집하여 심거나,
풀포기를 분주한다. 분주할 때에는 되도록 뿌리를 다치지 않도록 하는 것이 좋다.
뿌리에 상처가 나면 대개는 썩어서 죽게 되기 때문이다. 이 꽃에 대한 전설에는, 할머
니가 큰손녀의 괄시에 못이겨 가난하지만 착한 작은손녀를 찾아가다가 산마루에서
허기에 지쳐 쓰러져 숨졌다고 한다. 그런데 그 자리에 무덤을 만들었더니 이름모를
풀이 자라나 흰머리의 할머니같이 되어서, 이 풀을 백두옹이라 부르게 되었다고 한
다. 고향을 생각하게 하는 이 꽃은 이른봄에 멋진 꽃을 피우며 ‘슬픔’ ‘추억’이라는
꽃말을 간직하고 있다.

28

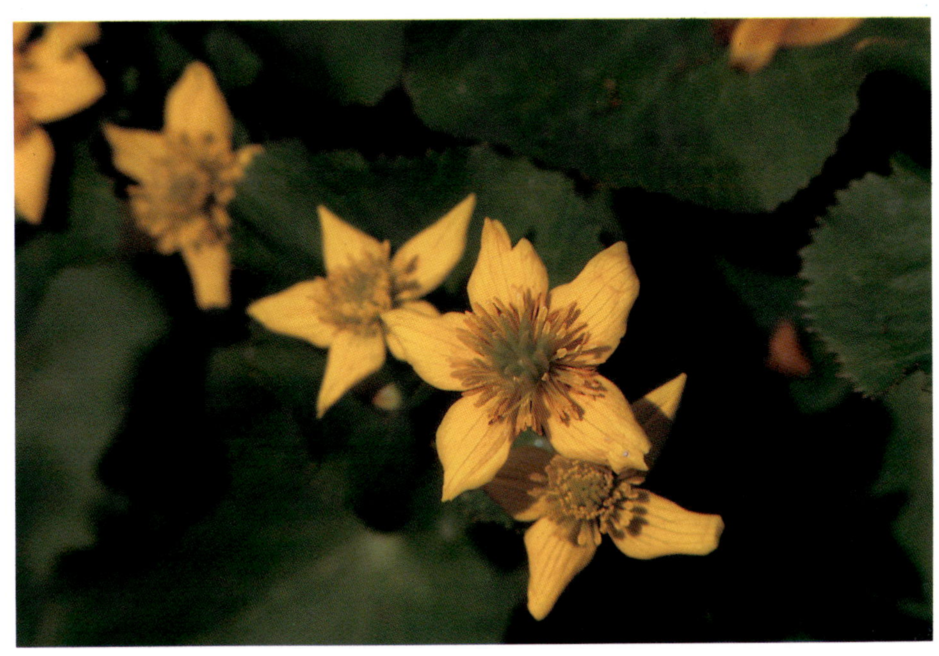

동의나물(立金花)　Caltha minor Nakai.
　작은동의나물, 작은알가지, 동이나물 등으로 불리는 미나리아재비과의 여러해살이풀이다. 중부 지방의 산야, 고산(高山)에서 잘 자란다. 높이 70센티미터 정도 자라며 5, 6월에 밝은 황금색 별 모양의 꽃이 핀다. 종자는 10월에 익는다. 관상용으로 좋으며 유독성 식물이다. 약간의 습기를 좋아하며 높은 지대, 특히 강원 산간 지방의 습기가 있는 골짜기에서 잘 자란다. 토양은 화강암계, 화강편마암계, 변성퇴적암계 등에서 잘 자라며 봄 철쭉이 질 무렵 고운 자태를 드러내는 꽃이다. 재배법은 10월에 종자를 채집하여 두었다가 봄에 심으면 좋지만, 풀포기를 적당히 분주하여 심어도 된다.

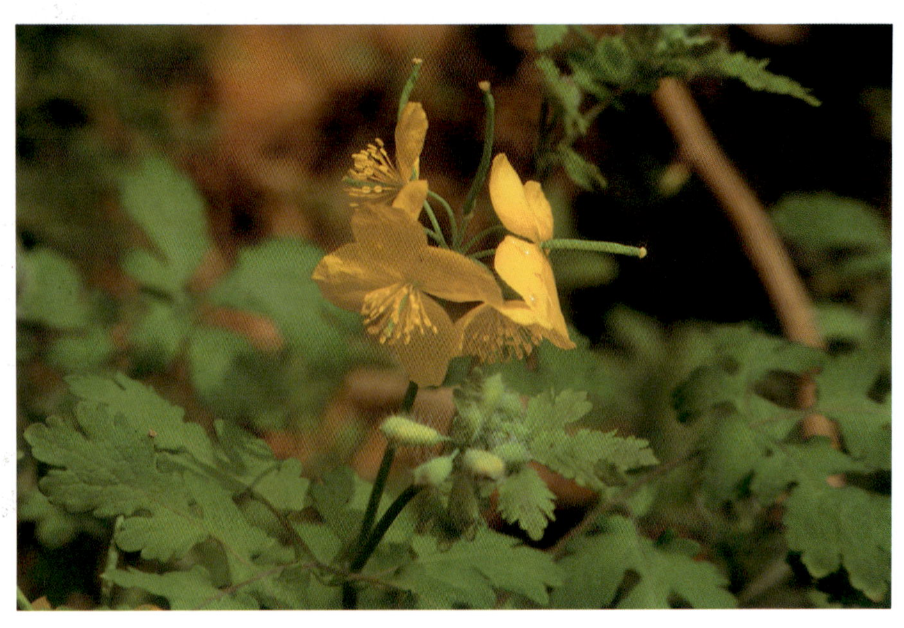

애기똥풀(白屈菜, 山黃蓮)　Chelidonium major L. var. grandiflorum A.P. DC.
젖풀, 씨아똥, 까치다리, 아기똥풀, 백굴채(藥名) 등으로 불리는 양귀비과의 두해살이풀
이다. 전국의 인가 근처 울타리나 구릉지에서 잘 자란다. 높이 50센티미터 정도 자라
며 4월부터 7월 사이에 황색의 꽃이 핀다. 꽃잎은 4개인데 꽃술이 길게 나와 있다가
꽃이 지면 암술대가 곧 종자 열매로 변한다.

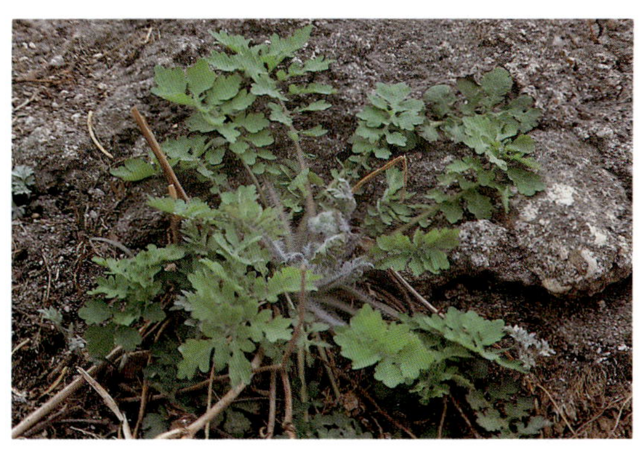

7월에 열매가 익으며, 약용으로 쓰이는데 위궤양, 간장약, 장진경, 진통, 위암, 진해, 진정 등과 모든 암의 약재로 사용된다. 유독성 식물로 농가에서는 구차한 풀이기도 하다. 하지만 군집하여 심으면 더없이 좋은 꽃밭을 이룬다. 화단이나 화분에 분주하여 심을 수도 있고, 7월에 종자를 받아서 심으면 잘 자란다. 이른봄, 얼음이 녹기 시작하면 제일 먼저 새싹이 돋는 식물로 줄기를 자르면 주황색의 유액이 나오는 게 특징이다.

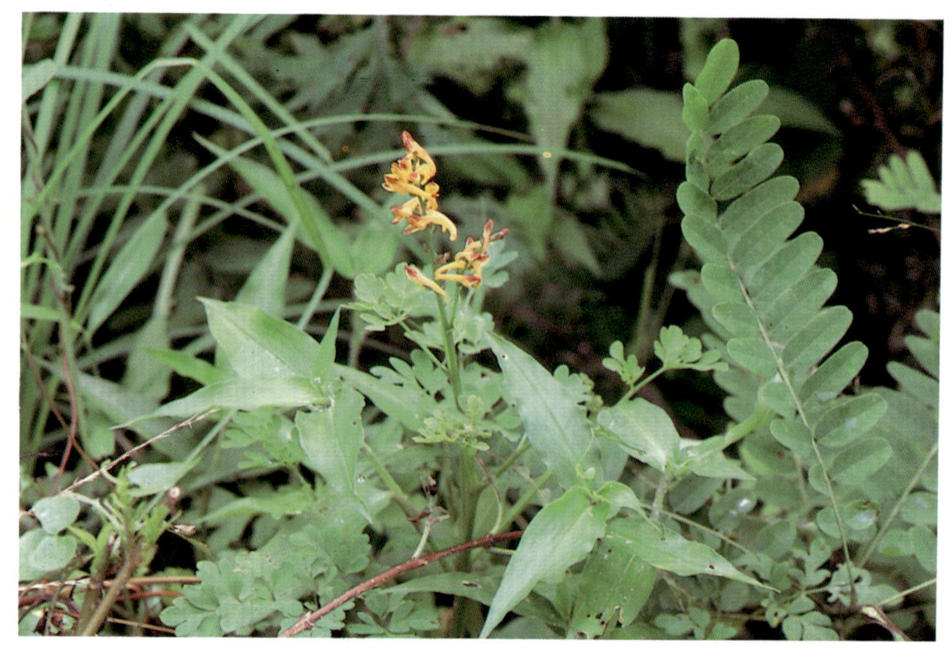

눈괴불주머니(黃紫菫)　Corydalis ochgtensis Turcz.
　누운괴불주머니 등으로 불리는 양귀비과의 월년생풀이다. 중부 지방의 평야와 산지, 북부 지방의 산지 습기가 있는 곳에 잘 자란다. 높이 60센티미터 정도 자라며 7월부터 9월 사이에 황색 바탕에 꽃잎 끝 쪽으로 붉은색을 띤 꽃이 핀다. 10월에 종자가 익으며 진경, 조경, 진통, 타박상, 두통 등의 약재로 쓰이는데 유독성 식물이다. 10월에 종자를 채집하여 심어 두면 이듬해에 싹이 터 가을에 매우 작은 꽃들을 볼 수 있다. 집안 정원의 습기 있는 곳에 심으면 좋고 화분에 심어도 된다. 꽃은 작지만 풀잎의 모양이 화초로서 볼 만하다.

피나물(荷靑花)　　Hylomecon vernale Max.

　매미꽃, 여름매미꽃, 노랑매미꽃 등으로 불리는 양귀비과의 여러해살이풀이다. 우리 나라 중부 지방의 산지나 북부 지방 산간의 그늘진 습한 곳에 잘 자란다. 높이 25~30센티미터 정도 자라며 4, 5월에 꽃이 피는데 밝은 황색이며 꽃잎은 4개이다. 줄기를 꺾으면 붉은색이 도는 유액이 나온다. 종자는 7월에 익는다. 이 식물은 유독성 식물이며 진통 등의 약재로 쓰인다. 재배법은 풀포기를 분주하여 심으면 된다. 중부 지방의 깊은 산에서 자라고 있지만 그 종이 드물다. 풀잎과 꽃의 모양이 뛰어나게 아름다워서 화초로서 가치가 있지만 약간 고산 지대에 자라므로 구하기가 쉽지 않다. 그러나 그 종을 많이 번식시켜 화단 등에 이용하면 이른봄의 푸른 풀잎과 더불어 노란 양귀비 같은 꽃을 감상할 수 있다.

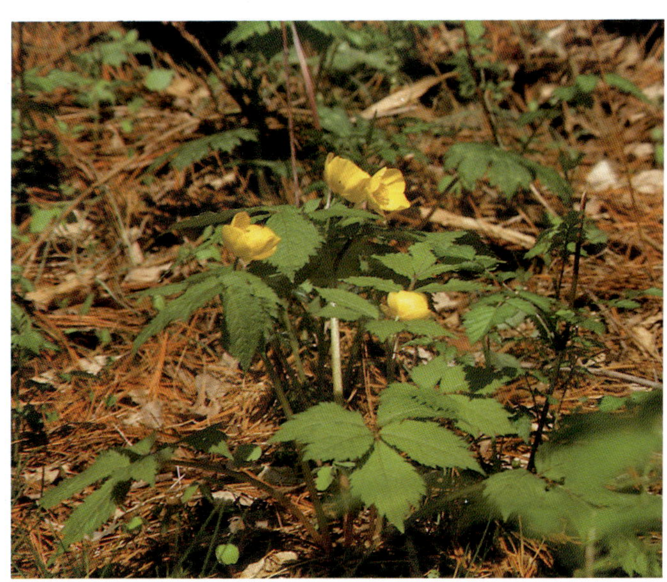

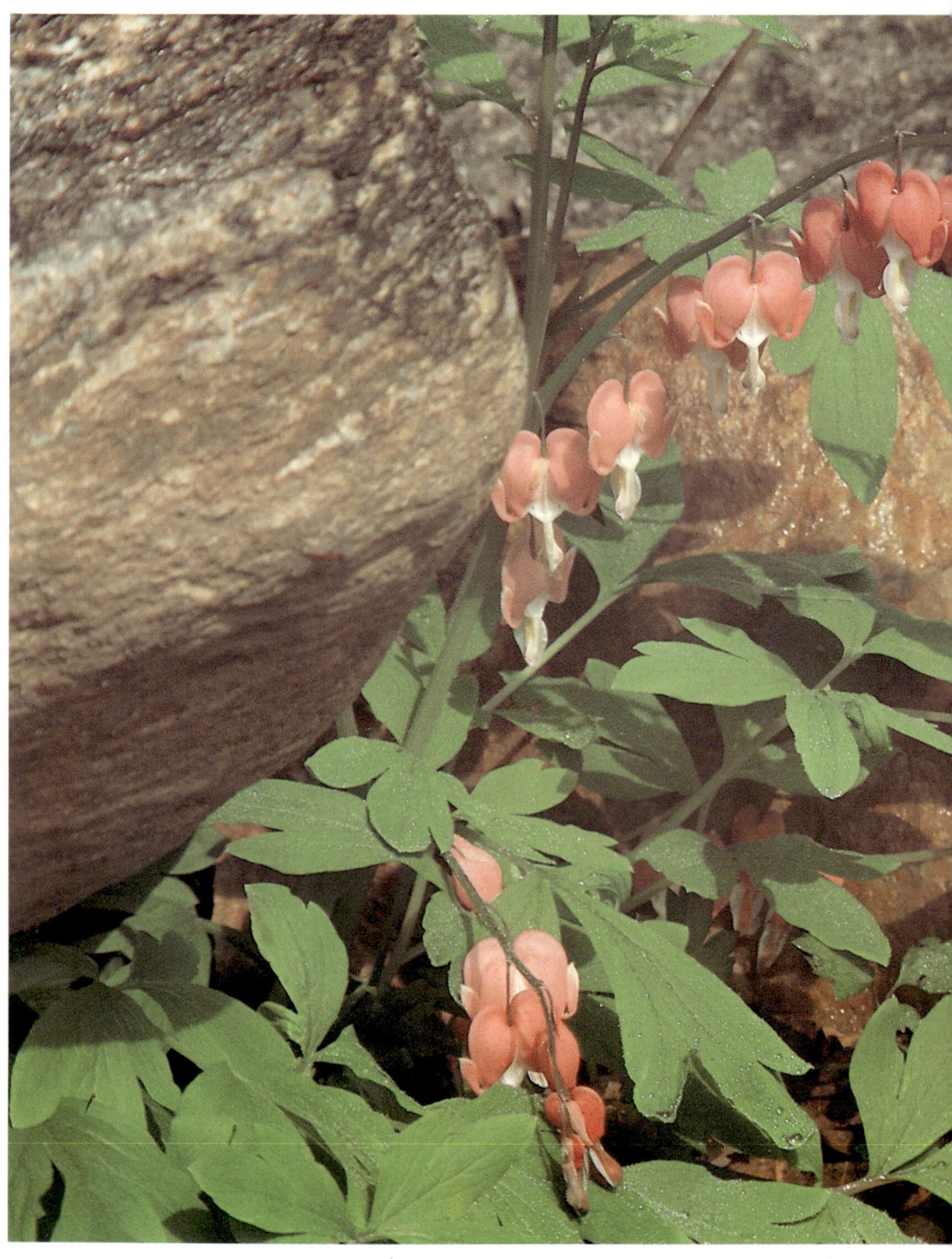

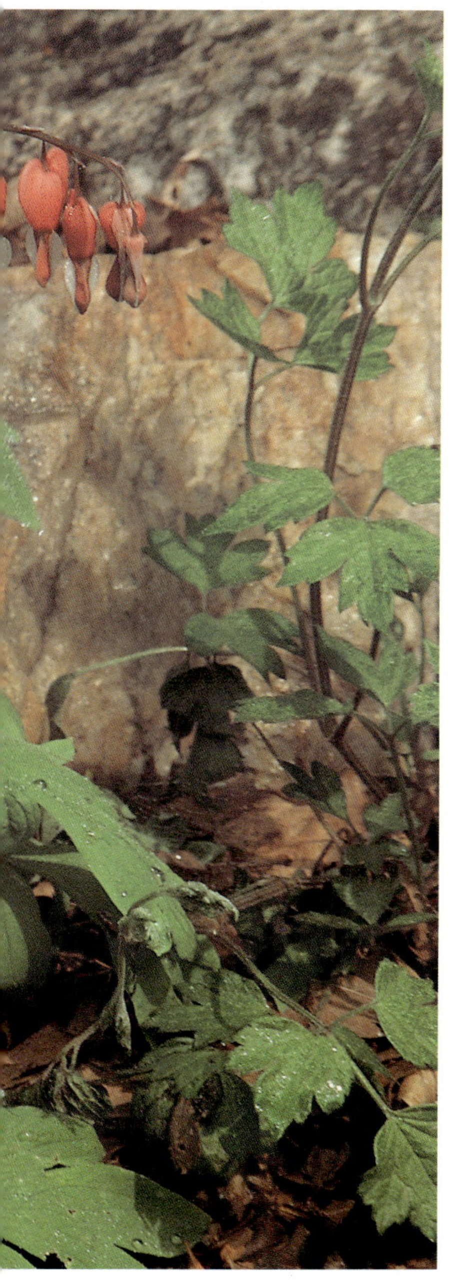

금낭화(荷包牡丹) Dielytra spectabilis G. Don.

며느리주머니 등으로 불리는 양귀비과의 여러해살이풀이
다. 중국이 원산지며 우리나라 남부 및 중부 지방의 산지에
자란다. 관상용으로 들여 왔었지만 지금은 야생 상태로
산야에 자라는 것이다. 산지의 사찰 화단에 심어진 예가
많다. 높이 60센티미터 정도 자라며 5, 6월에 꽃이 피는데
연한 홍색이며 주머니 모양으로 되어 있다. 6월에 종자가
익으며 식용 및 관상용으로 쓰인다. 이 풀은 유독성 식물이
다. 이른봄에 풀포기를 적당히 분주하여 화분이나 화단에
심으면 늦은봄에 꽃대가 올라와 여러 개의 꽃을 보기 좋게
매달고 있는 이색적으로 피는 꽃이기도 하다. 토질은 약간
의 메마른 척박한 땅을 좋아한다. 화초로서는 그 모습을
한동안 감상할 수 있는 꽃이며 깊은 산의 바위틈에 한두
포기가 자라 곧 떨어질 듯이 매달린 꽃들은 사진을 찍는
이들에게 더없이 좋은 대상이 된다.

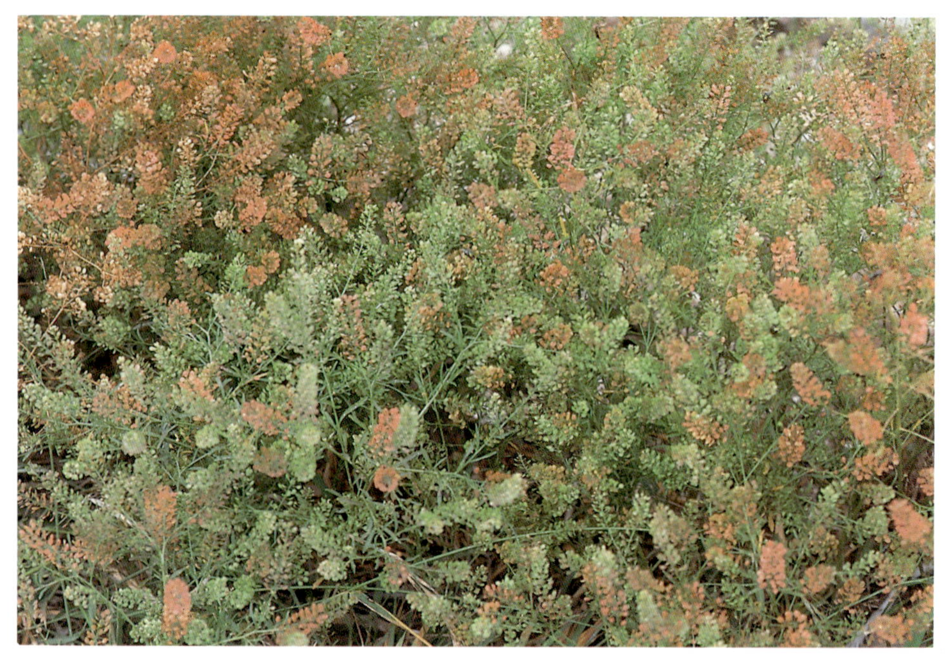

냉이(薺菜草)　Capsella bursa-pastoris Medicus.
　나생이, 나숭게, 나시, 숨위나물 등으로 불리는 십자화과의 월년생풀이다. 전국의 산이나 들에 흔히 자란다. 높이 90센티미터 정도 자라며 4월에 백색의 꽃이 피고 종자는 5월에 익는다.

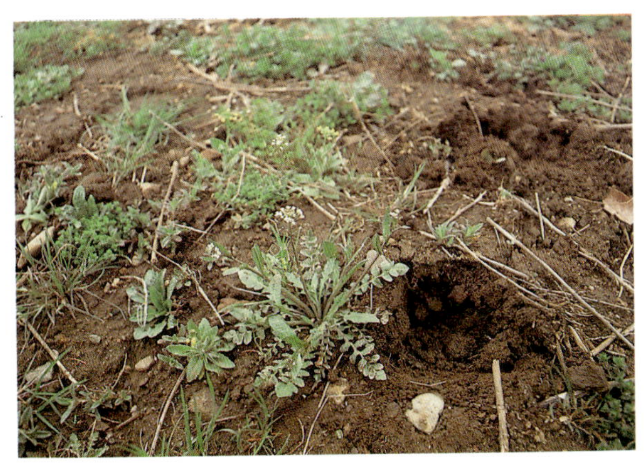

냉이는 식용, 약용으로 쓰이는데 봄에 어린순을 나물로 먹으며 폐렴, 이뇨, 회충, 두통, 천식, 임질, 치통, 해열 등의 약재로 쓰인다. 우리나라 들판의 밭이나 밭둑, 길가에 많이 자란다. 화단 및 화분에 심어 두면 봄에 조그만 꽃들을 감상할 수 있다. 이 풀은 옮겨 심어도 잘 자라는 특징이 있다. 꽃은 화려하지 못하지만 항상 우리와 같이 있는 풀이며, 봄이면 이 풀로 봄나물을 즐긴다. 5, 6월에 씨앗이 보기 좋게 열리고 꽃말은 '봄색시'이다.

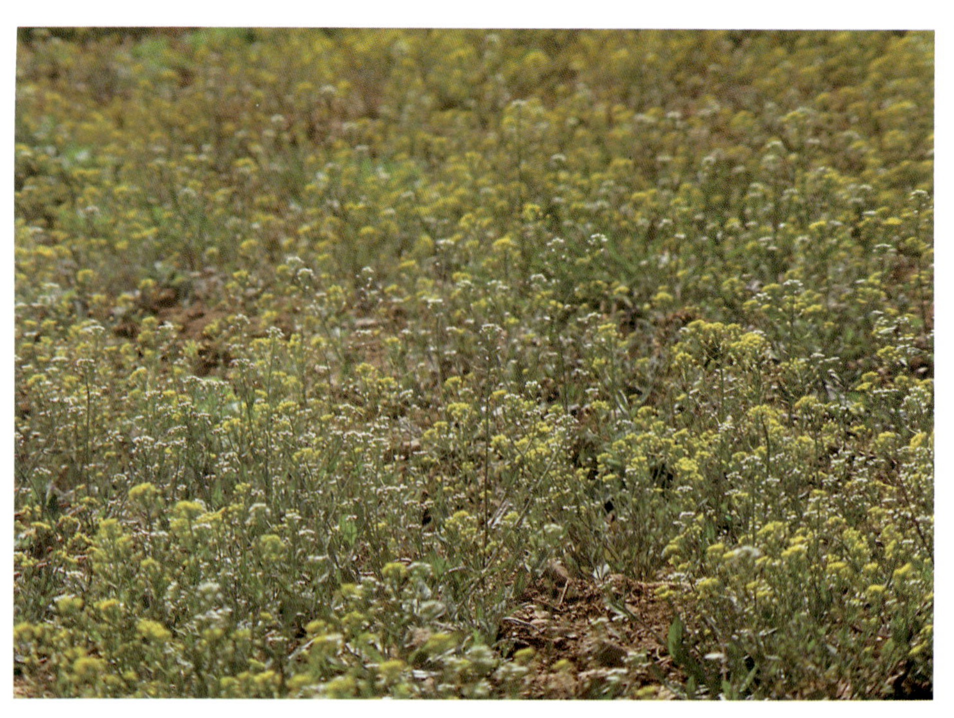

꽃따지(葶藶) Draba nemorosa L. var. hebecarpa Ledeb.
　민꽃다지 등으로 불리는 십자화과의 월년생풀이다. 전국의 들판에 흔히 자라는 풀이다. 높이 20센티미터 정도 자라며 4월부터 6월 사이에 황색 꽃이 피고, 6월에 종자가 익는다. 식용, 약용으로 쓰이며 이른봄에 어린순을 나물로 먹고 씨앗은 이뇨제 등으로 쓰인다.

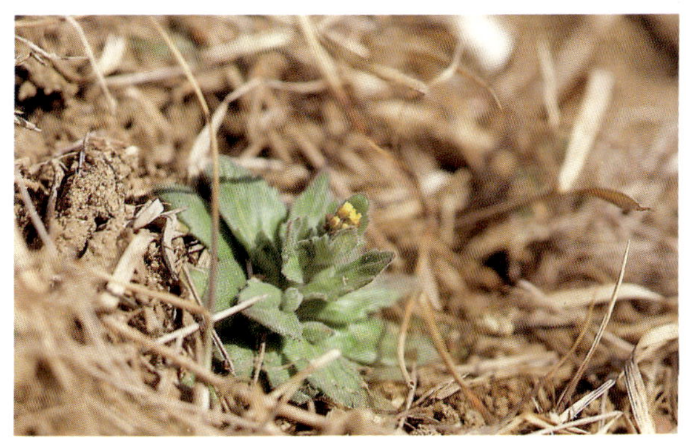

꽃따지는 인가 부근의 빈터나 야채밭 등에 흔히 자란다. 얼음이 녹기 시작하는 3월 하순부터 새싹과 더불어 노란 꽃봉오리가 돋아난다. 화단이나 화분에 여러 포기를 군집하여 심어 놓으면 가느다란 여린 꽃들이 많이 달려서 한동안 감상할 수 있는 풀이다. 항상 봄나물로 빠지지 않는 풀로 옮겨 심어도 잘 자란다. 풀 자체가 작기 때문에 조그만 화분에 심으면 좋고, 분주하는 방법도 좋다.

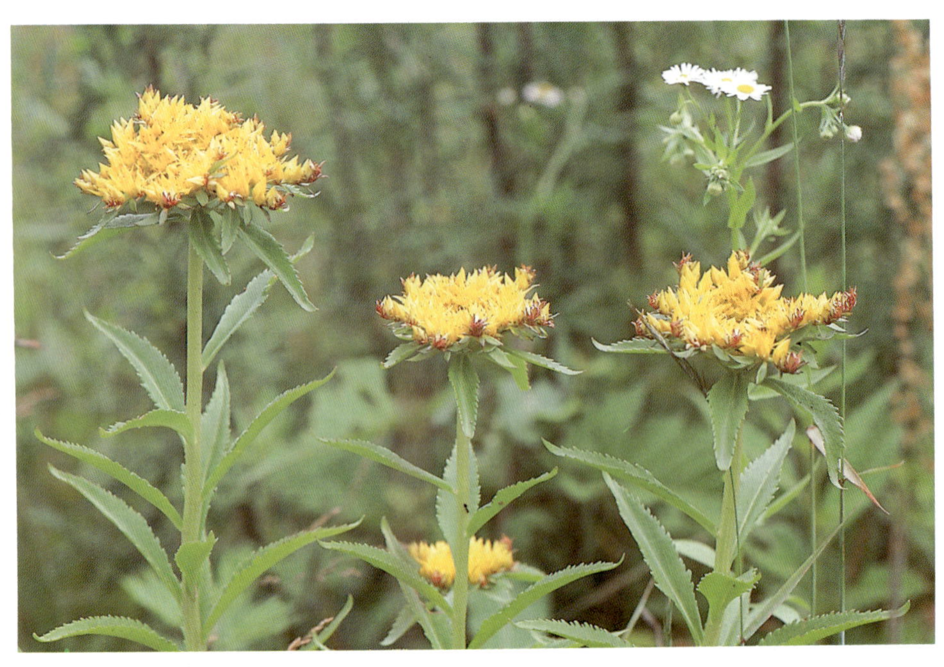

기린초(血山草, 景天草)　Sedum kamtschaticum Fisch.

넓은잎기린초, 꿩의비름 등으로 불리는 돌나물과의 여러해살이풀이다. 우리나라 중부 지방 및 북부 지방의 산지 바위틈에 잘 자란다. 높이 50센티미터 정도 자라며 6, 7월에 밝은 황색의 꽃이 핀다. 9월에 종자가 익으며 식용, 약용, 관상용 등으로 쓰인다. 이뇨, 선혈, 단독, 대하증 등의 약재로 쓰이며 관상용으로 알맞은 풀이다. 풀잎 모양이 색다르며 특히 건조함에 잘 견디는 풀이다. 대개는 암석지에 잘 자라지만 양토에서도 잘 자란다. 9월에 종자를 채집하여 화단이나 화분에 뿌려 두면 봄에 싹이 터 여름에 아름다운 꽃을 감상할 수 있다. 높이가 적당하고 꽃이 모여 피기 때문에 가로변이나 공원 등에 집중으로 심으면 알맞은 풀이다. 꽃말은 '기다림'이다.

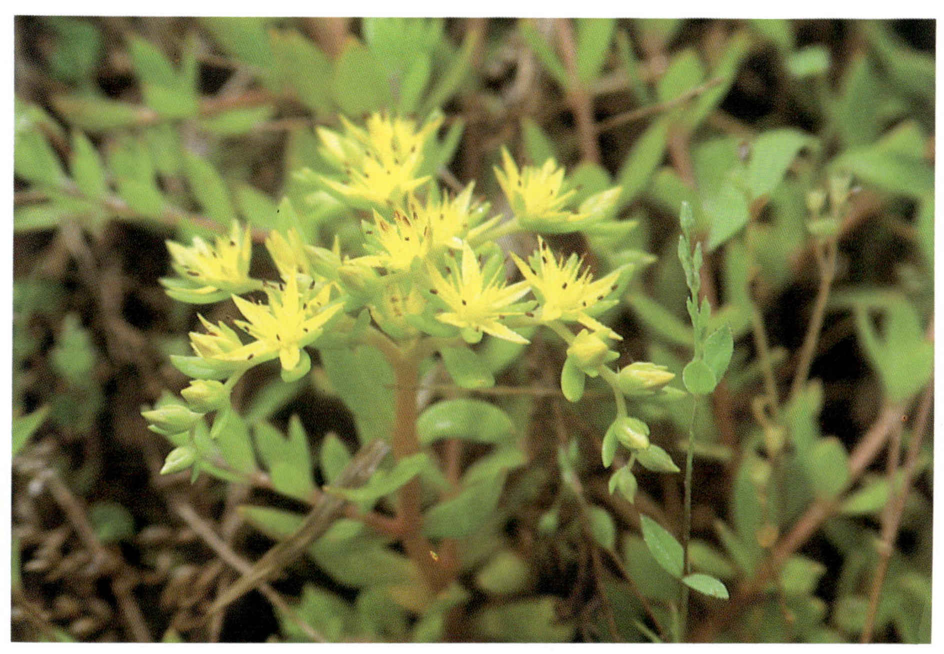

돌나물(垂盆草)　Sedum sarmentosum Bunge.
　돈나물, 화건초(藥名), 야마치현 등으로 불리는 돌나물과의 여러해살이풀이다. 제주도 및 중부 산야와 북부 지방의 산지에 자라는 풀이다. 높이 15센티미터 정도 자라며 5, 6월에 황색 꽃이 핀다. 9월에 종자가 익으며 식용, 약용, 관상용 등으로 쓰인다. 봄에 어린순을 나물로 먹으며 대하증, 선혈 등의 약재로 쓰인다. 이 풀은 습기가 많은 곳에 잘 자라지만 화분에서도 잘 자란다. 봄에 줄기를 꺾어다 화분에 심어 두면 무성하게 자란다. 번식률이 강하며 화분에 심어 매달아 놓으면 밑으로 길게 늘어지면서 자라 꽃이 핀다. 풀잎이 질서 있게 자라는, 줄기로 뻗어 나가는 식물이다.

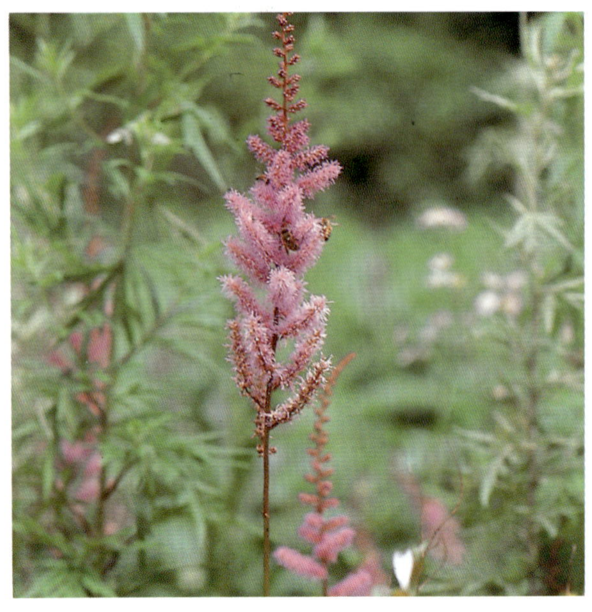

노루오줌(紅升麻)　Astilbe chinensis Fr. et. Sav.

　노루오줌, 승마, 홍승마 등으로 불리는 범의귀과의 여러해살이풀이다. 전국의 산지에
흔히 자라는 풀이다. 높이 70센티미터 정도 자라는데 7, 8월에 홍색 꽃이 피고 9월에
종자가 익는다. 식용, 약용, 관상용에 쓰이며 회충 등의 약재로 쓰인다. 이 풀은 여름
의 초원지에 붉은 수수이삭 같은 꽃송이를 크게 달고 있는데 꽃술만 있는 것같이
보인다. 9월에 종자를 채집하여 봄에 심거나 여름에 분주하여 심으면 대개는 옮긴
해에는 꽃이 잘 피지 않는다. 그러나 다음해에는 여름에 꽃대가 올라와 아름다운
꽃이 핀다. 화단이나 화분에 심어 두면 겨울에 밖에 놓아 두어도 봄이면 새싹이 돋아
나 다시 꽃을 피운다. 약간의 습기를 좋아하며 한여름을 장식하는 아름다운 꽃이다.

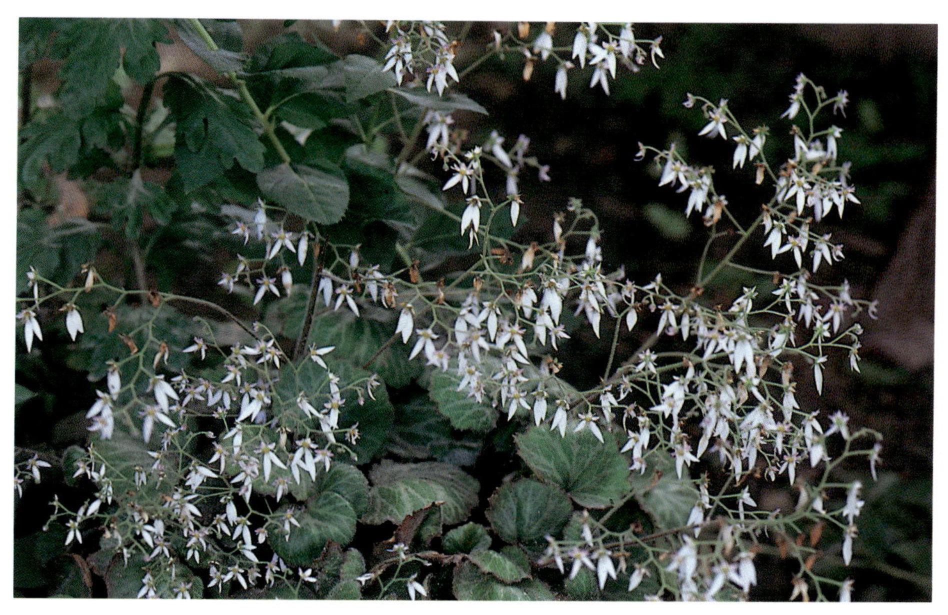

범의귀(虎耳草)　Saxifraga stolonifera Meerb.
　바위취 등으로 불리는 범의귀과의 여러해살이풀이다. 중부 이남 지방에서 관상용으로 흔히 심고 있는 상록성 풀이다. 높이 20센티미터 정도 자라며 6, 7월에 백색 바탕에 연한 홍색 빛이 도는 꽃이 핀다. 8월에 종자가 익으면 약용, 관상용 등으로 쓰인다. 보익 등의 약재로 쓰이며 정원이나 화분에 심으면 풀잎의 모양과 무늬가 아름다울 뿐만 아니라, 겨울에도 푸른 잎이 죽지 않는다. 대개는 돌담 밑에 심어 두면 번식이 잘 되는 풀이다. 포기를 옮겨 심으면 잘 자라고 초여름에 꼭 대자(大字) 같은 꽃이 많이 매달려 피게 된다. 약간의 그늘진 습한 곳을 좋아하는 풀이며 산골의 암자 주변 화단에서 자주 볼 수 있다.

43

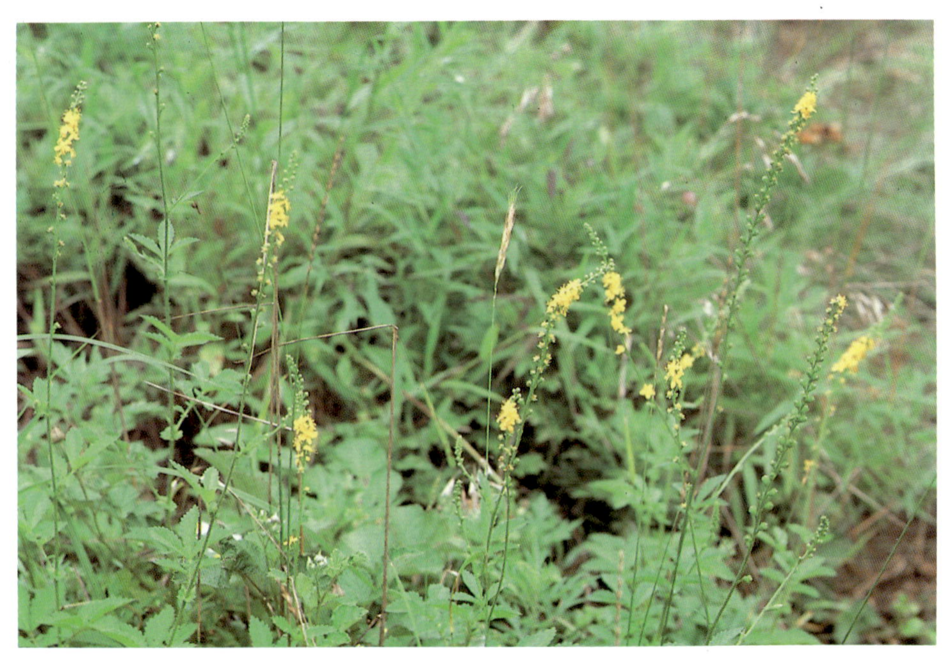

짚신나물(龍芽草)　　Agrimonia pilosa Ledeb. var. japonica Nakai.

집신풀, 광아, 롱아초, 광아초 등으로 불리는 장미과의 여러해살이풀이다. 전국의 들이나 야산지에 흔히 자라는 풀이다. 높이 50∼100센티미터 정도 자라며, 7월부터 9월 사이에 꽃이 피는데 꽃은 황색으로 여러 개 모여 핀다. 9월에 종자가 익으며 식용, 약용으로 쓰인다. 하리, 지혈, 대하증, 선혈, 구충 등의 약재로 쓰인다. 이 풀은 풀잎에 짚신 모양으로 줄무늬가 있다는 것이 특징이다. 흔히 길가의 초원지에 가지가 뻗어 나와 끝에서 조그마한 꽃들이 핀다. 벌이 자주 찾는 꽃이기도 하며 대개는 낮은 야산지의 초원 근처에 많이 자란다. 9월에 종자를 받아서 화단에 뿌려 두면 봄에 싹이 튼다. 또 봄에 풀포기를 분주하여 심어도 잘 자란다. 어떤 곳이든 가리지 않고 잘 자라는 풀이므로 특히 도시의 화단이나 아파트 베란다에서 키우기에 좋은 식물이다.

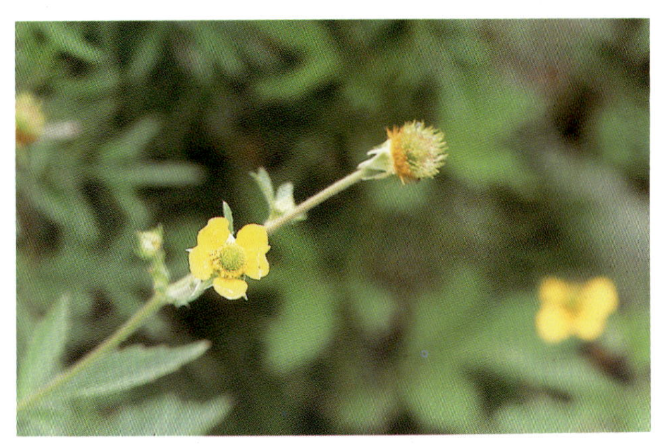

뱀무(水楊梅) Geum japonica Thunb.

　장미과의 여러해살이풀이다. 우리나라 울릉도 및 중부 지방의 평야와 산지에 자라는
풀이다. 높이 60~100센티미터 정도 자라며 6월부터 8월 사이에 꽃이 핀다. 황색의
꽃은 꽃술이 흑색으로 반점같이 보인다. 7, 8월에 종자가 익으며 식용, 약용 등에
쓰인다. 위궤양, 해소, 강심, 토혈, 적백리, 고혈압 등의 약재로 쓰이며 야산지의 초원
에 흔히 자란다. 가지가 여러 개 뻗어 나오며 이 가지 끝에 꽃이 핀다. 꽃이 진 다음
가시 돋친 듯한 둥근 열매가 익는 것이 이색적이다. 8월에 종자를 받아서 뿌려 두면
봄에 싹이 트고 봄에 풀포기를 분주하여 심어 놓아도 잘 자란다. 가로변, 화단 등에
심으면 어울리는 풀이며 화분에서도 잘 자란다. 이른봄 어린순을 나물로도 먹는다.

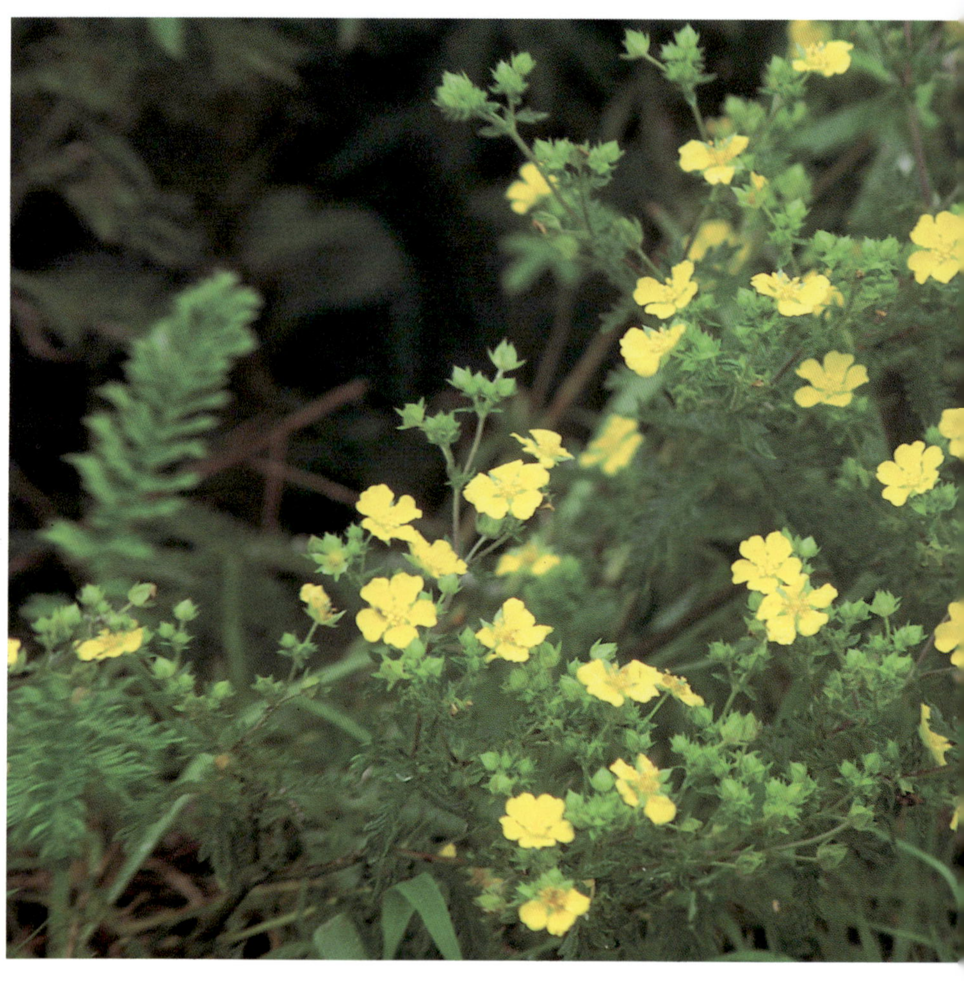

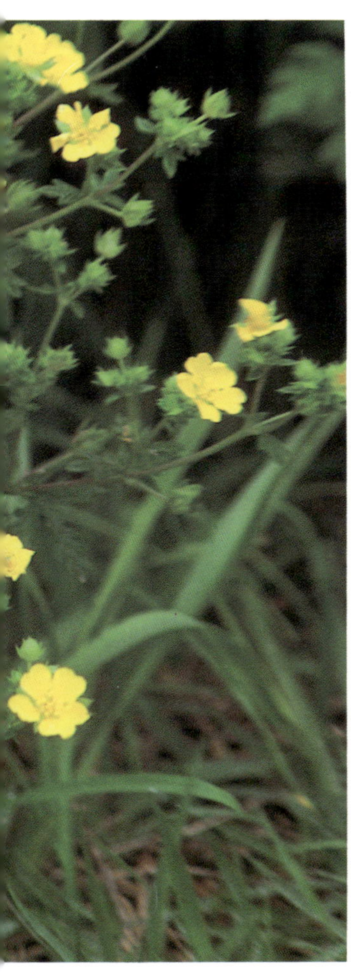

딱지꽃(委陵菜) Potentilla chinensis seringe.

호미초, 등록풀, 위릉채(藥名) 등으로 불리는 장미과의 여러해살이 풀이다. 평야 냇가 부근에 흔히 자라는 풀이다. 높이 60센티미터 정도 자라며 6월부터 8월 사이에 꽃이 핀다. 꽃은 밝은 황색이며 9월에 종자가 익는다. 식용, 약용에 쓰이며 지혈, 보익, 통경, 해열, 보폐 등의 약재로 쓰인다. 이 풀은 전국적으로 야지 둑에서 흔히 볼 수 있는 풀이며, 9월에 종자를 채집하여 뿌려 두거나 봄에 풀포 기에서 적당히 분주하여 심어 놓으면 여름내 노란 꽃들이 계속해서 가지가 뻗어 나오며 꽃을 피운다. 온몸에 하얀 잔털이 있으며 화분 이나 화단 가장자리에 심으면 적당한 풀이다. 군집하여 심으면 더욱 보기 좋은 야생화이다.

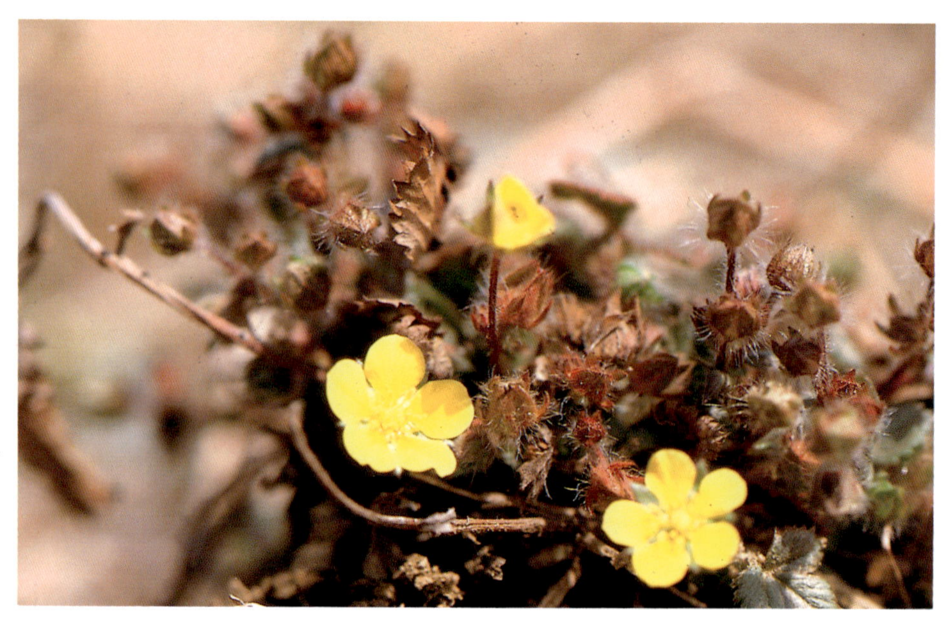

솜양지꽃(翻白草) Potentilla discolor Bunge.

뽕구지, 칠양지꽃 등으로 불리는 장미과의 여러해살이풀이다. 전국의 낮은 구릉지
등에 잘 자란다. 높이 15~30센티미터 정도 자라며 4월에 꽃이 핀다. 꽃은 황색이며
줄기가 흰 털로 덮여 있는 게 특징이다. 5월에 종자가 익으며 식용, 약용으로 쓰인
다. 지혈, 보익 등의 약재로 쓰이며 이른봄 얼음이 녹기 시작하면 양지바르고 습기
많은 둑에 온통 털이 돋아난 꽃대가 올라와 꽃을 피우는데 잎이 나기 전에 먼저 꽃이
핀다. 이 풀포기를 적당히 분주하여 화단이나 화분에 심어도 잘 자란다. 들녘에서
일찍 꽃이 피는 풀 가운데 하나로 아주 가냘프게 꽃이 피지만 제법 오랫동안 지속된
다. 5월에 종자를 채집하여 뿌려 두면 싹이 터서 잘 자라는 귀여운 꽃이다.

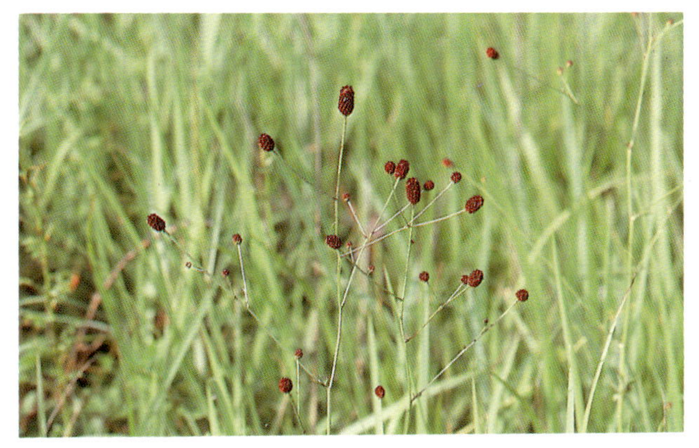

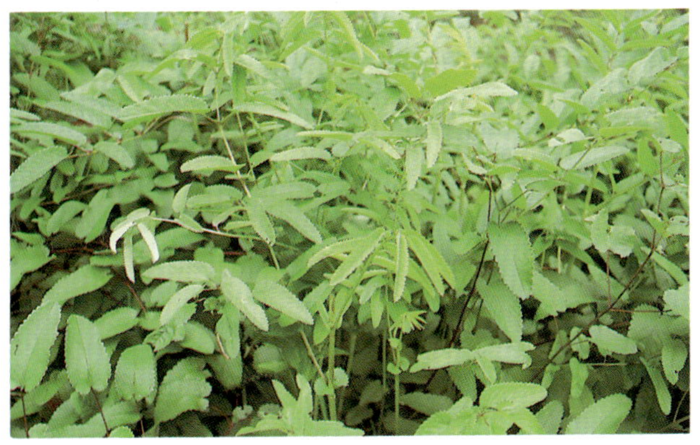

오이풀(地楡)　Sanguisorba officinalis L.

　수박풀, 가는오이풀, 외순나물, 지유(藥名) 등으로 불리는 장미과의 여러해살이풀이다. 전국의 산야지 및 평지에 흔히 자라는 풀이다. 높이 70~100센티미터 정도 자라며 8, 9월에 흑색이 도는 자주색 꽃이 핀다. 종자는 10월에 익는다. 식용, 약용, 관상용에 쓰이며 지혈, 토혈, 월경 과다, 하리, 산후 복통, 동상, 충독, 대하증, 선혈 등의 약재로 쓰이며 풀잎이 뛰어나 관상용으로 적합하다. 꽃은 별로 눈에 띄지 않지만 꽃꽂이 소재로 흔히 이용된다. 이 풀은 봄에 적당히 분주하여 화단이나 화분에 심어 두면 가을에 꼭 열매 같은 꽃이 가지 끝마다 피게 된다. 풀잎 가장자리에 보기 좋은 톱니가 있어 아침에 방울방울 이슬이 맺히는 풀이며 풀잎에서 오이 냄새의 향기가 난다. (위, 아래)

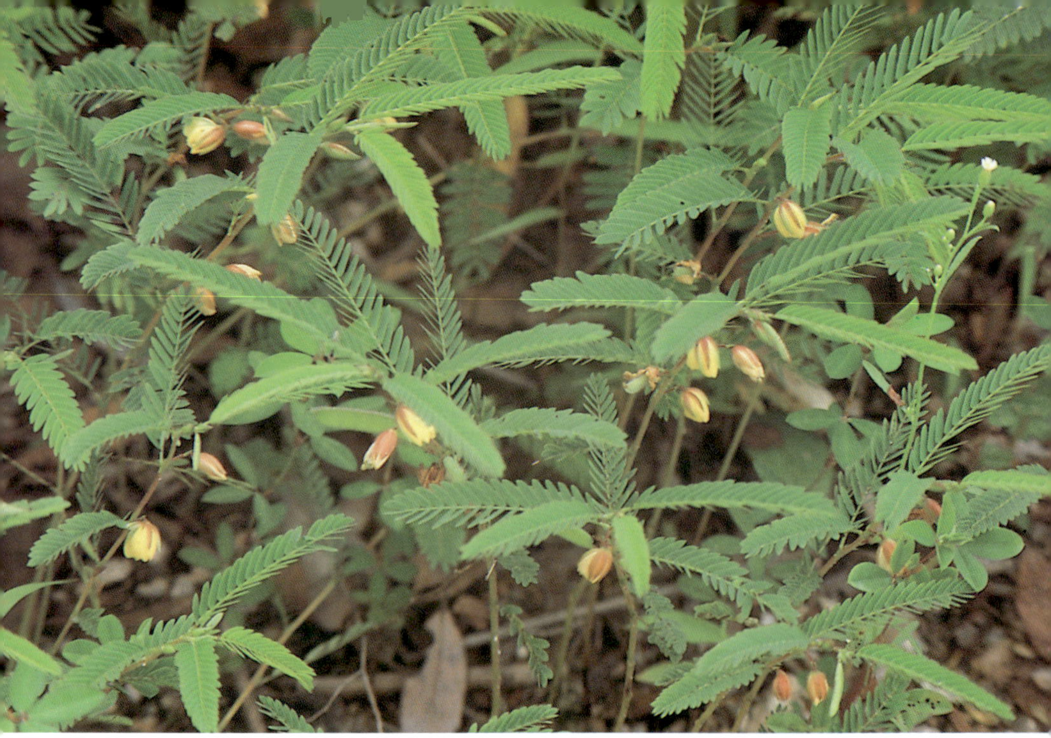

차풀(山扁豆)　Cassia minosoides L. var. nomame Makino.

며느리감나물, 산편두(藥名) 등으로 불리는 콩과의 한해살이풀이다. 전국의 낮은 산지 및 야지에 흔히 자라는 풀이다. 높이 25센티미터 정도 자라며 7월부터 9월 사이에 황색 꽃이 핀다. 10월에 종자가 익으며 약용, 관상용에 쓰인다. 해열, 지사 등의 약재로 쓰이며 10월에 종자를 채집하여 화단에 뿌려 두면 이듬해에 싹이 터 잘 자란다. 뜰 앞 작은 화단에 군집하여 심으면 풀잎 모양이 예쁘며 꽃은 대개는 풀잎 속에 가려져 피기 때문에 잘 보이지 않는다. 하지만 조그마한 키에 일정하게 자라기 때문에 매우 보기 좋다. 열매의 모양은 작은 콩을 축소한 것과 비슷하다. 화분에 몇 개씩 심어 두면 아파트 베란다 등에서 간수하기 좋은 야생초이다.

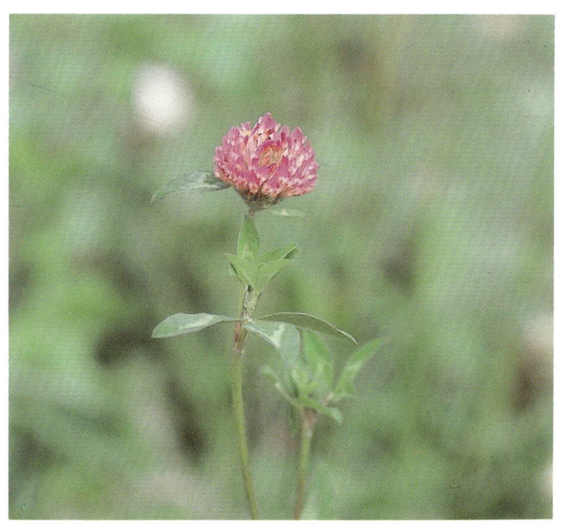

붉은토끼풀(紅車軸草)　Trifolium pratense L.

콩과의 여러해살이풀이다. 유럽이 원산인데 재식하는 식물로 들여온 게 지금은 야생 상태로 퍼져나가 들판의 초원에서 흔히 자란다. 높이 30~60센티미터 정도 자라며 6월부터 8월 사이에 꽃이 핀다. 꽃은 연한 홍색이며 9월에 종자가 익는다. 사료용, 퇴비용, 밀원용, 관상용 등으로 쓰이며 관상용으로 몇 포기 심어 두면 여름에 가냘프고 고운 꽃들이 피는 풀이다. 풀잎에 희미한 무늬가 있어 보기 좋으며 풀잎 모양이 토끼풀과 비슷하고 화단이나 화분에 심으면 잘 자란다. 특히 밀원용 식물이기 때문에 벌들이 많이 찾는 꽃이다. 여름의 초원에서 벌, 나비를 유인하여 그 아름다움을 과시하는 풀이기도 하다.(위)

토끼풀(白車軸草)　Trifolium repense L.

흰토끼풀, 크로바 등으로 불리는 콩과의 여러해살이풀이다. 유럽이 원산지인데 재식 식물로 들여온 게 지금은 야생 상태로 퍼져나가 자란다. 높이 15센티미터 정도 자라며 6월부터 8월 사이에 백색 꽃이 피고, 9월에 종자가 익는다. 식용, 관상용, 밀원용, 사료용, 퇴비용 등으로 쓰이며 화단 등에 흔히 심는다. 어린이들에게는 '크로바'로 더 잘 알려진 풀이며 네 잎 크로바를 찾으면 행운이 온다고 한다. 이 꽃을 따서 엮어서 꽃목걸이를 만들어 걸었던 어릴 때 추억을 생각게 하는 풀이기도 하다. 드넓은 초원지에 군집하여 심으면 여름에 멋진 꽃밭이 되며 집안의 화단이나 화분에 풀포기에서 적당히 분주하여 심으면 잘 자라는 풀이다. 꽃보다는 풀잎이 돋보이는 풀이기도 하다.(뒤)

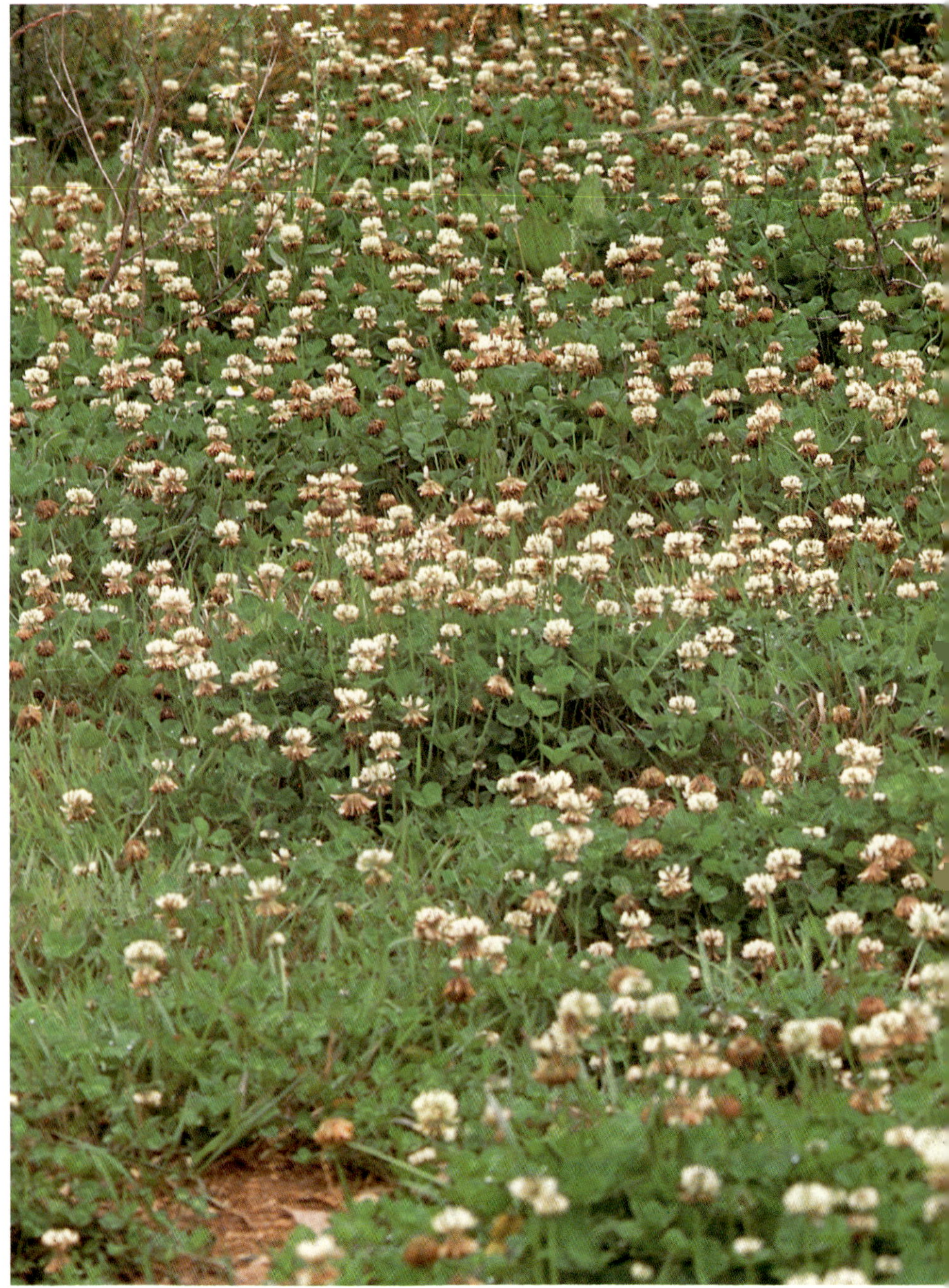

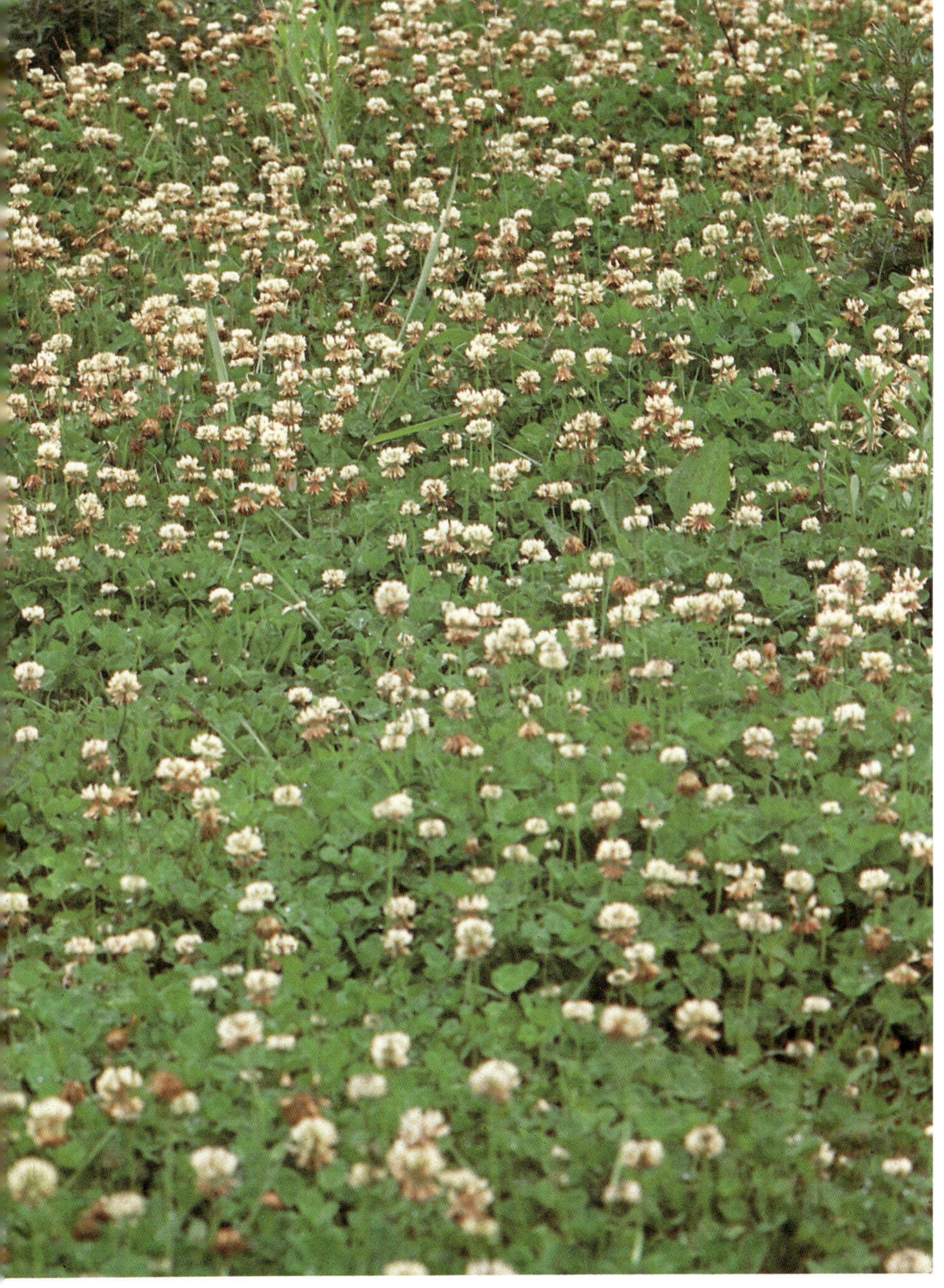

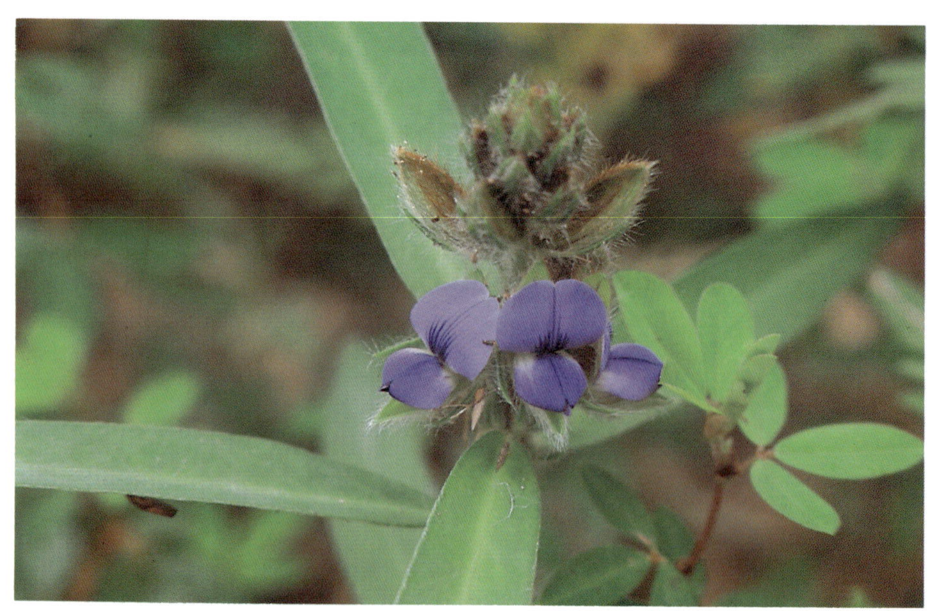

활나물(野百合)　Crotalaria sessiliflora L.

　불지갑, 구령초 등으로 불리는 콩과의 한해살이풀이다. 중부 지방의 야지에 잘 자라는 풀이다. 높이 20~50센티미터 정도 자라며 7, 8월에 꽃이 핀다. 꽃도 담청색이며 온몸이 거친 털로 덮여 있는 게 특징이다. 10월에 종자가 익으며 식용, 약용으로 쓰인다. 이뇨, 강심, 진통, 통경 등의 약재로 쓰이며 관상용으로 알맞은 풀이다. 야지의 초원에서 뚜렷한 꽃을 피우는 풀로 10월에 종자를 채집하여 뿌려 두면 봄에 싹이 터 여름에 아름다운 색깔의 꽃을 보게 된다. 화단에 심으면 좋으며 화분에 심어도 잘 자란다. 온몸이 거친 털로 뒤덮여 있지만 꽃의 색깔이 멋지기 때문인지 야백합이란 이름이 붙어 있다.

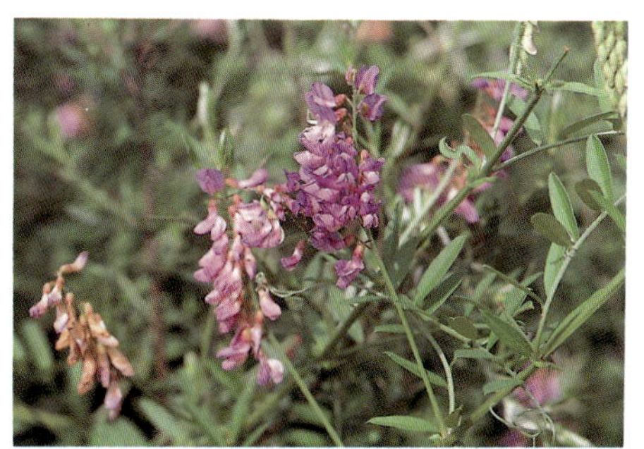 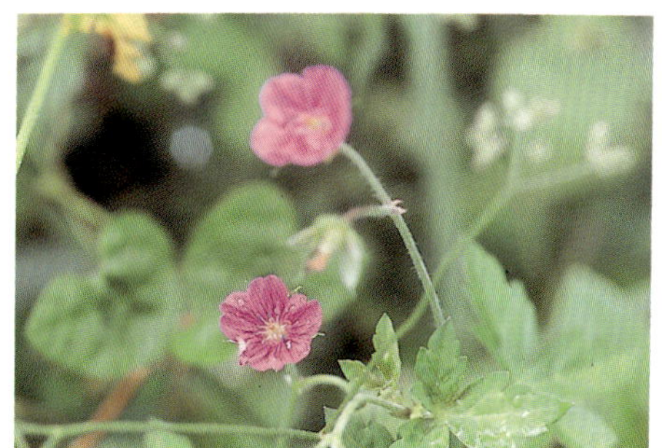

갈퀴덩굴(鋸子草)　Vicia amoena Fisch. var. Sachalinensis Schmid.
　민갈퀴, 갈키덩굴, 가시랑쿠 등으로 불리는 콩과의 여러해살이 덩굴풀이다. 전국의 산야지에 흔히 자라는 풀이다. 높이 70센티미터 정도 자라며 6월부터 9월 사이에 보라색을 띤 자주색 꽃이 피며 9월에 종자가 익는다. 식용, 사료용, 밀원용으로 쓰이며 퇴비나 목초용으로 적합하다. 화단의 한쪽에 심어 두면 여름 내내 탐스러운 꽃송이들을 계속해서 피운다. 화분에 심을 때는 지주목을 세워 주면 감고 올라간다. 봄에 풀포기를 적당히 분주하여 심거나 9월에 종자를 채집하여 뿌려 두면 봄부터 잘 자란다. 화단에 군집하여 심어 두면 여름에 온통 꽃방석처럼 꽃이 피어 벌이 많이 찾아드는 식물이기도 하다. (왼쪽)

이질풀(老鸛草, 現草)　Geranium thunbergii Sieb. et Zucc.
　리지풀, 광지풀 등으로 불리는 쥐손풀과의 여러해살이풀이다. 전국의 산야지에 흔히 자라는 풀이다. 높이 1미터 정도 자라며 8, 9월에 홍색 꽃이 피며 10월에 종자가 익는다. 약용, 사료용, 관상용으로 쓰이며 변비, 대하증, 방광염, 피부병, 종창, 위궤양 등의 약재로 쓰인다. 늦가을까지 곱고 조그마한 꽃들을 피우는 풀이기도 하다. 약초로 더 많이 쓰이며 봄에 풀포기를 적당히 분주하여 심으면 잘 자란다. 10월에 종자를 채집하여 뿌려 두면 봄에 싹이 튼다. 화단에 모아서 심으면 보기 좋으며 화분에 심어도 잘 자라는 풀이다. 꽃은 작지만 색깔이 고운 보석처럼 아침 이슬을 머금고 피는 모습이 애처러운 꽃이기도 하다. (오른쪽)

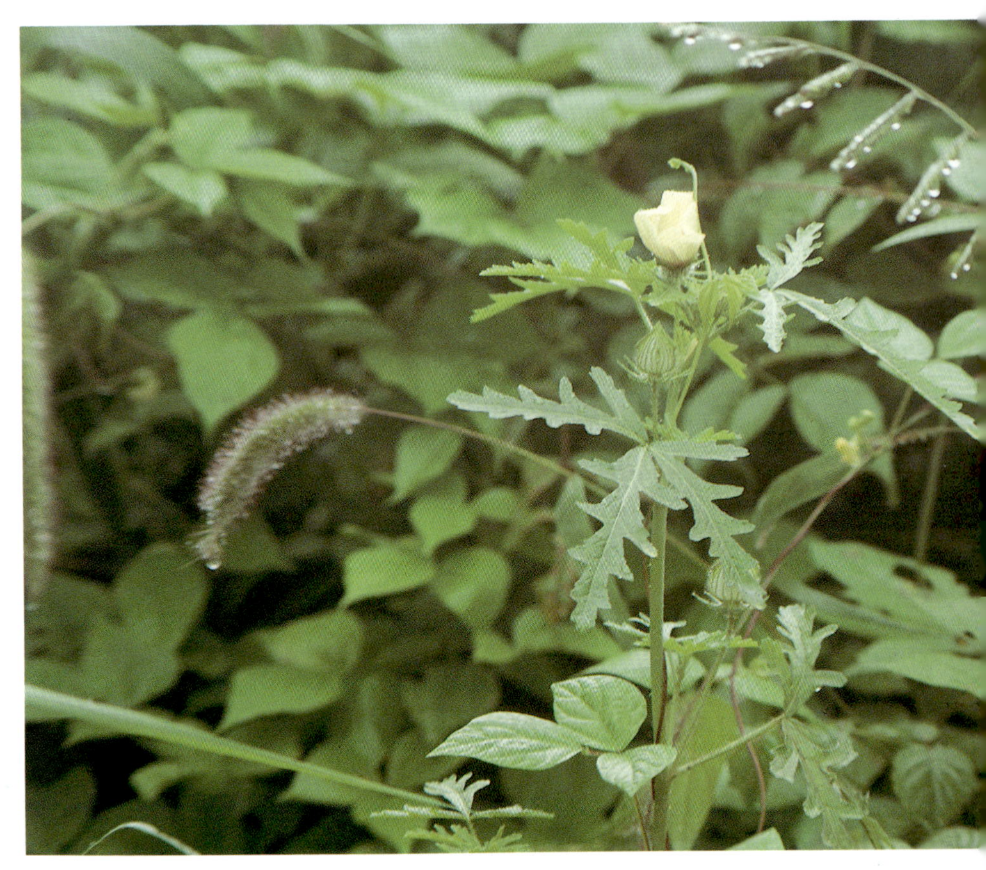

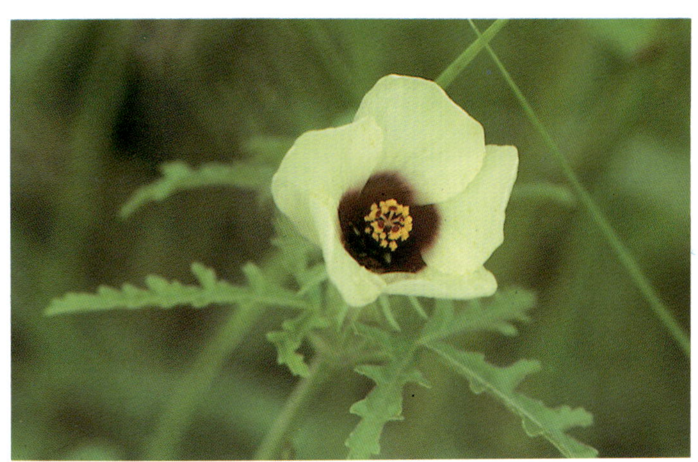

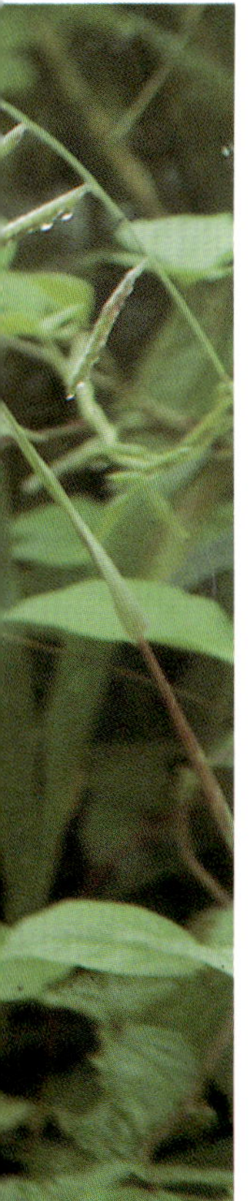

수박풀(香鈴草)　Hibiscus trionum L.

무궁화과의 한해살이풀이다. 중미(中美)가 원산이지만 우리나라 전국의 야지에 퍼져 자란다. 높이 30~60센티미터 정도 자라며 7, 8월에 꽃이 핀다. 꽃은 연한 황색이며 꽃잎 안쪽으로 진한 자주색의 무늬가 있다. 10월에 종자가 익으며 관상용으로 쓰이던 풀이다. 풀잎의 모양이 수박의 잎과 같이 되어 있다. 10월에 종자를 채집하여 봄에 심으면 여름에 제법 아름다운 꽃이 핀다. 화단 등에 군집하여 심으면 매우 보기 좋은 풀이며 화분에 심어도 잘 자란다. 꽃말은 '애교' '변화'이다. (왼쪽, 오른쪽)

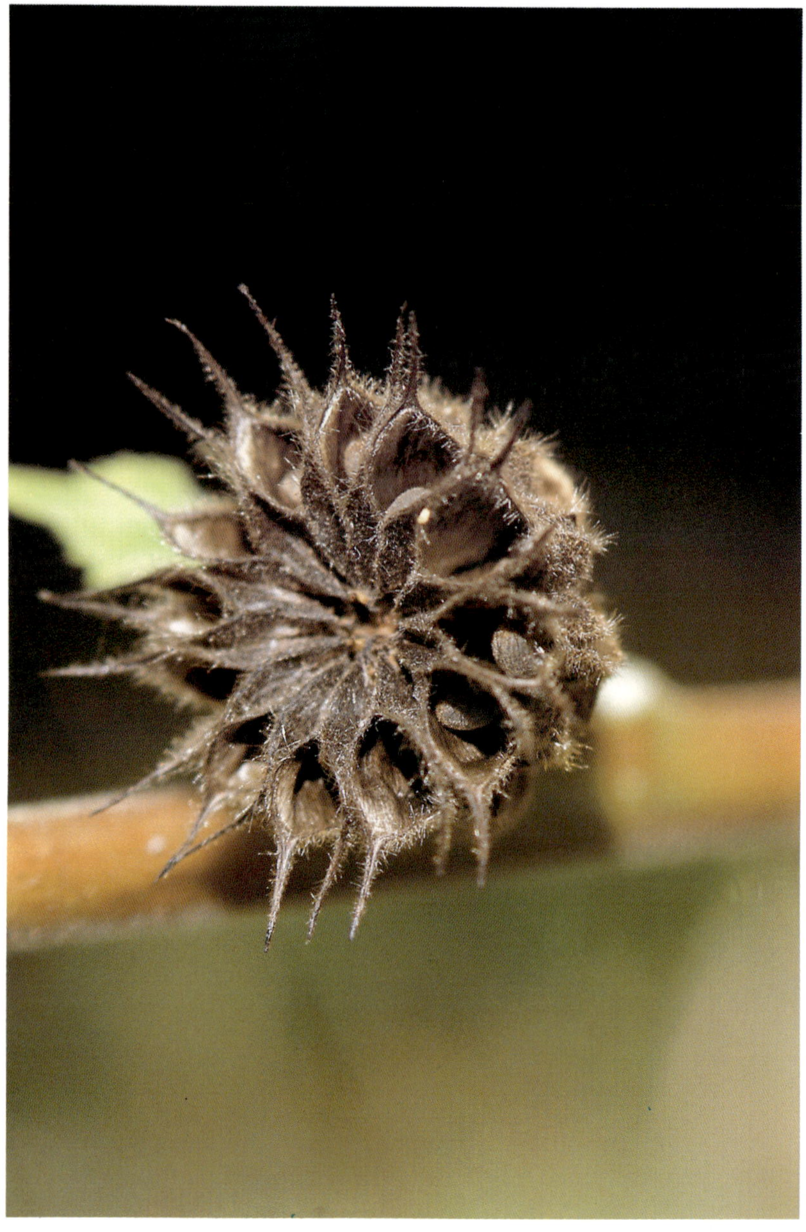

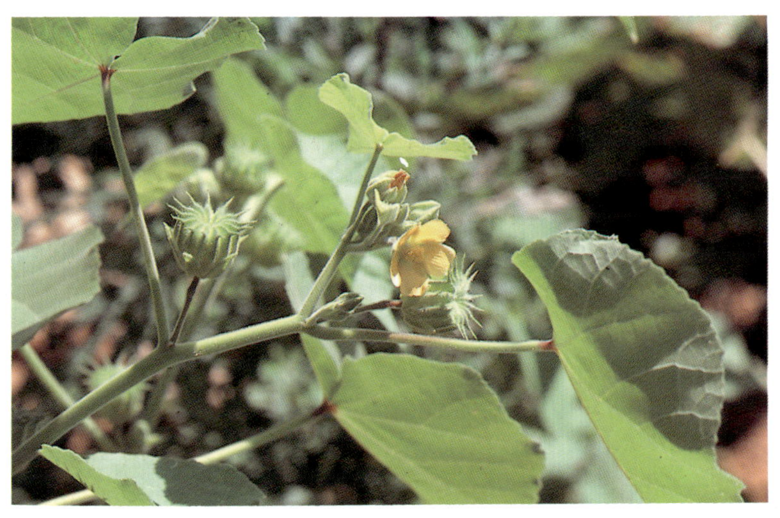

어저귀(苘麻, 青麻)　　Abutilon avicennae Gaert.

　모싯대, 동규자(藥名) 등으로 불리는 무궁화과의 한해살이풀이다. 인도 원산의 재식
식물인데 지금은 야생 상태로 퍼져나가 야지에서 자란다. 높이 1.5미터 정도 자라며
7, 8월에 황색 꽃이 피고 풀 전체가 흰 털로 덮여 있다. 10월에 종자가 익으며 약용,
공업용, 관상용으로 쓰인다. 두통, 구풍, 화상, 신경통, 난산, 감기, 현기증, 이뇨 등의
약재로 쓰이며 직물의 원료로도 쓰인다. 관상용으로는 화단에 심으면 그 풀잎이 시원
하게 크기 때문에 보기 좋다. 꽃은 작지만 종자가 담긴 열매의 모양이 특이하여 눈길
을 끄는 풀이기도 하다. 아무데나 가리지 않고 잘 자라며 10월에 종자를 받아 두고
봄에 심으면 가을에 멋진 열매를 감상할 수 있는 풀이다. (왼쪽, 오른쪽)

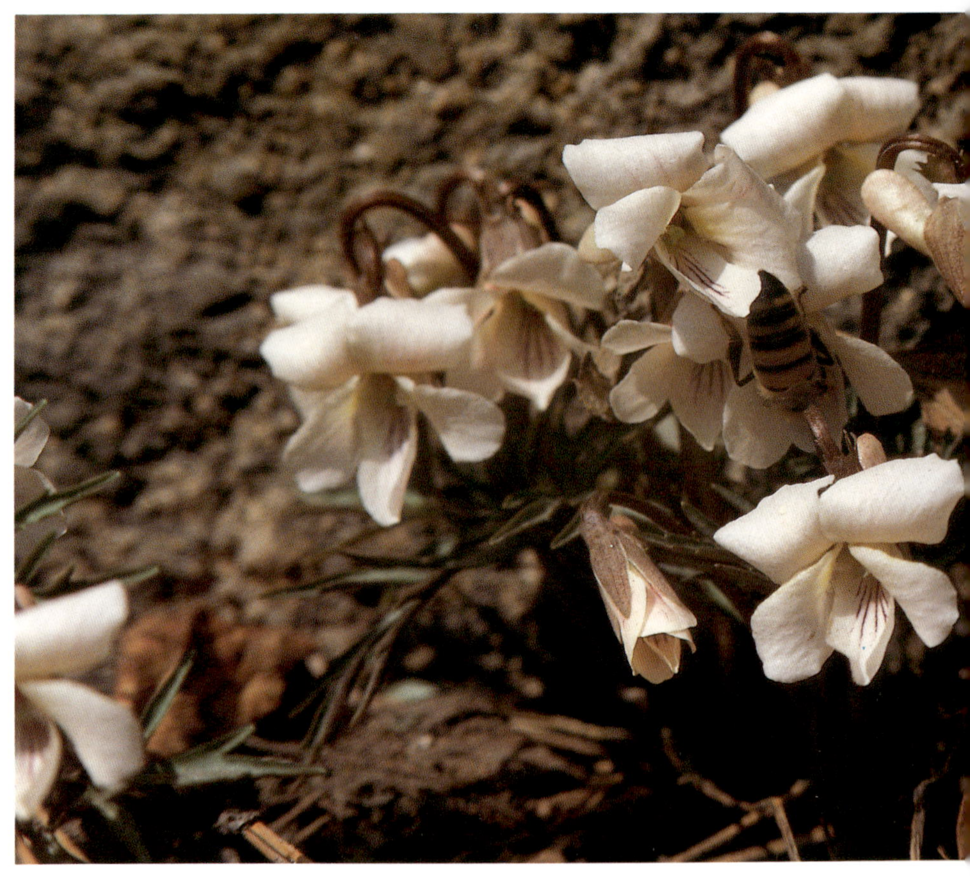

남산제비꽃(細芹葉菫)　Viola chaerophylloides Reck.
　남산오랑캐꽃 등으로 불리는 제비꽃과의 여러해살이풀이다. 전국의 산야지 특히 바위틈에 자란다. 높이 15센티미터 정도 자라며 4월부터 6월 사이에 꽃이 피는데 꽃은 백색으로 피며 풀잎과 꽃대가 같이 나온다. 8월에 종자가 익으며 식용, 약용, 관상용으로 쓰인다. 특히 이른봄 얼음이 녹기 시작하면 양지 쪽의 산비탈 바위틈에서 꽃대가 올라와 꽃이 피면서 풀잎도 자라나게 된다. 향기가 있어 벌이 자주 찾는 꽃이다. 풀잎이 가늘게 갈라지는 게 특징이며 관상초로 훌륭한 풀이다.

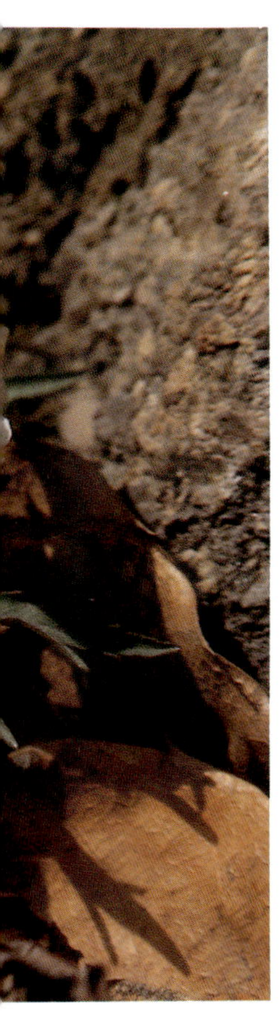

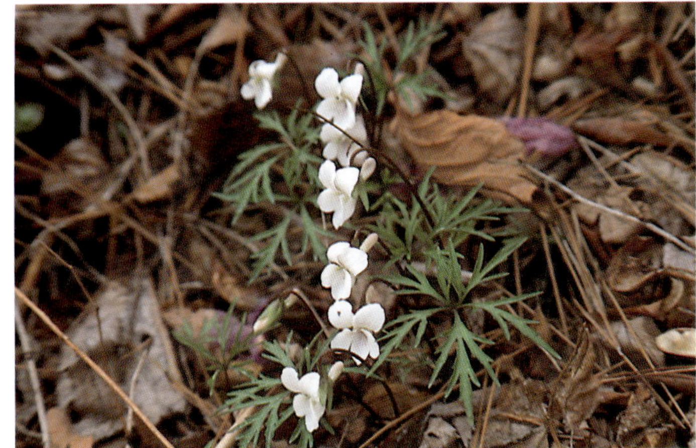

봄에 어린순을 나물로 먹으며 특히 간장 기능 촉진, 태독, 유아 발육 촉진, 해독, 감기, 통경, 거풍, 기침, 부인병, 진해, 정혈 등의 약재로 풀 전체를 사용한다. 이른봄에 풀포기에서 적당히 분주하여 심어 두면 다음해에 다시 꽃이 핀다. 화분에 심어도 좋은 풀이다. 8월에 종자를 채집하여 봄에 심으면 간혹 씨앗이 싹튼다. 그러나 대개는 뿌리를 재생하는 방법을 사용한다. 이 종의 제비꽃은 지금은 흔하지 않다. 꽃이 필 때 잘 보아 두었다가 가을에 종자가 익으면 채집하는 방법이 좋다.

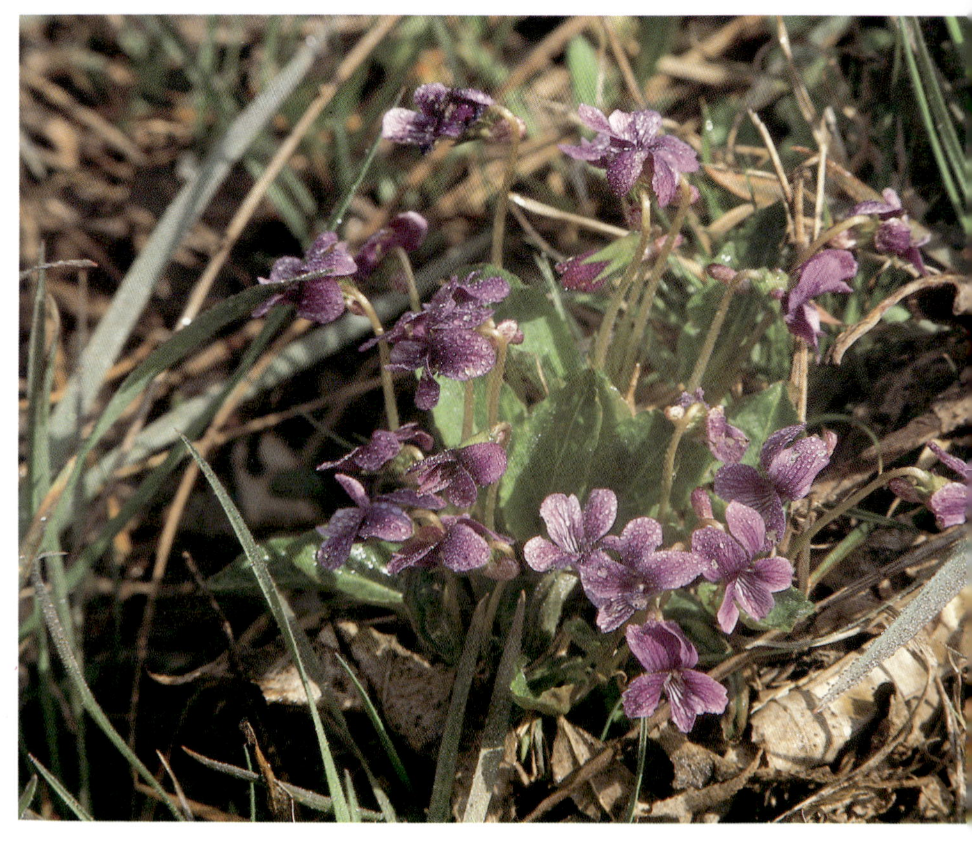

제비꽃(菫菫菜, 紫花地丁)　Viola mandsnurica Beck.

　오랑캐꽃, 병아리꽃, 장수꽃, 씨름꽃, 외나물, 자화지정(藥名), 근근채 등으로 불리는 제비꽃과의 여러해살이풀이다. 전국의 야지에 흔히 자라는 풀이다. 제비꽃 가운데 번식률이 제일 좋다. 높이 10센티미터 정도 자라며 4, 5월에 자주색 꽃이 피고 7월에 종자가 익는다. 식용, 약용, 관상용으로 쓰이며 어린순을 나물로 먹으며 태독, 부인병, 발육 촉진, 간장 기능 촉진, 중풍, 설사, 통경 등의 약재로 쓰인다.

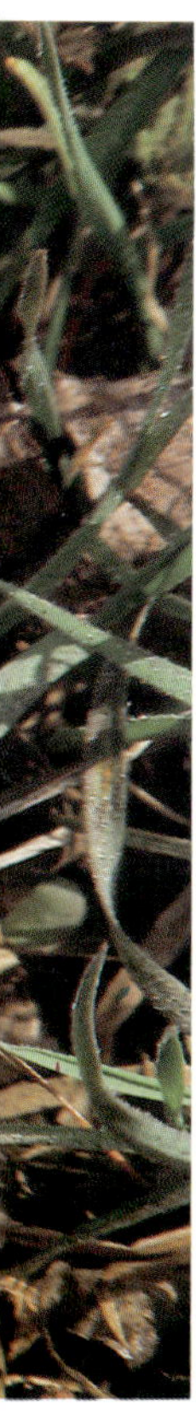

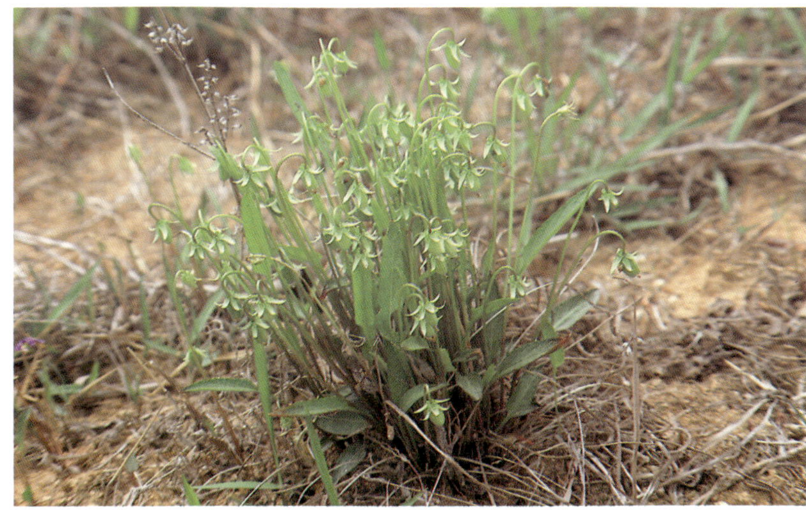

봄에 야지의 둑이나 길가의 어느 곳이나 별로 가리지 않고 잘 자란다. 풀포기에 비하여 뿌리가 깊게 자란다. 화단에 심으면 어울리는 화초이며 특히 키가 작아서 화분에 심어 놓으면 보기 좋다. 아파트의 베란다에서도 멋진 꽃을 감상할 수 있는 풀이다. 대개는 한 포기에서 여러 개의 꽃대가 나와 같이 피게 되니까 보기 좋다. 이른봄에 풀포기에서 적당히 분주하여 심으면 되지만 여름에 종자를 채집하여 뿌려 두면 이듬해 봄에 아름다운 자그마한 꽃들을 감상할 수 있다. 꿀과 향기가 있어 벌, 나비가 자주 찾아오는 꽃이기도 하다. 꽃말은 '나를 생각하셔요'이다.

알록제비꽃(班葉菫菜)   *Viola variegata Fisch. var. chinensis Regel.*

얼룩제비꽃, 얼룩오랑캐꽃 등으로 불리는 제비꽃과의 여러해살이풀이다. 전국의 산지 수림지의 가장자리 습기가 약간 있는 음지에 잘 자란다. 높이 20센티미터 정도 자라며 5, 6월에 홍색으로 꽃이 피고 꿀주머니가 다른 제비꽃보다 긴 편이다. 6, 7월에 종자가 익으며 식용, 관상용으로 쓰인다. 봄에 어린순을 나물로 먹으며 해독, 부인병, 태독, 하리, 발육 촉진, 통경, 보익, 보간, 해소 등의 약재로 쓰인다. 풀잎 앞면에 엷은 흰색의 무늬가 아름답게 있어 관상초로 유달리 돋보이는 풀이며, 풀잎 뒷면은 약간 붉은빛이 돈다. 풀잎 뒷면에 녹색이 도는 것은 청알록제비꽃이다. 봄에 풀포기에서 적당히 분주하여 심거나 여름에 종자를 채취하여 심으면 화분에 심어도, 화단에 심어도 훌륭한 화초가 된다.

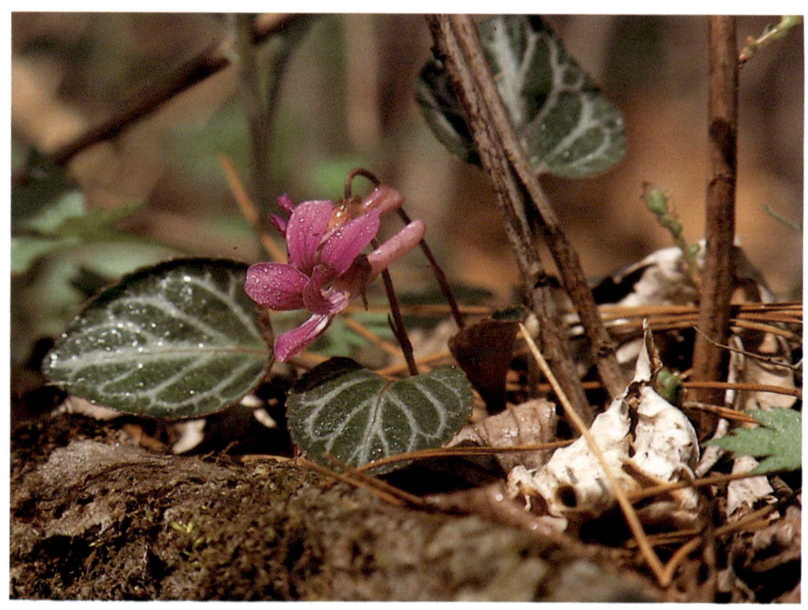

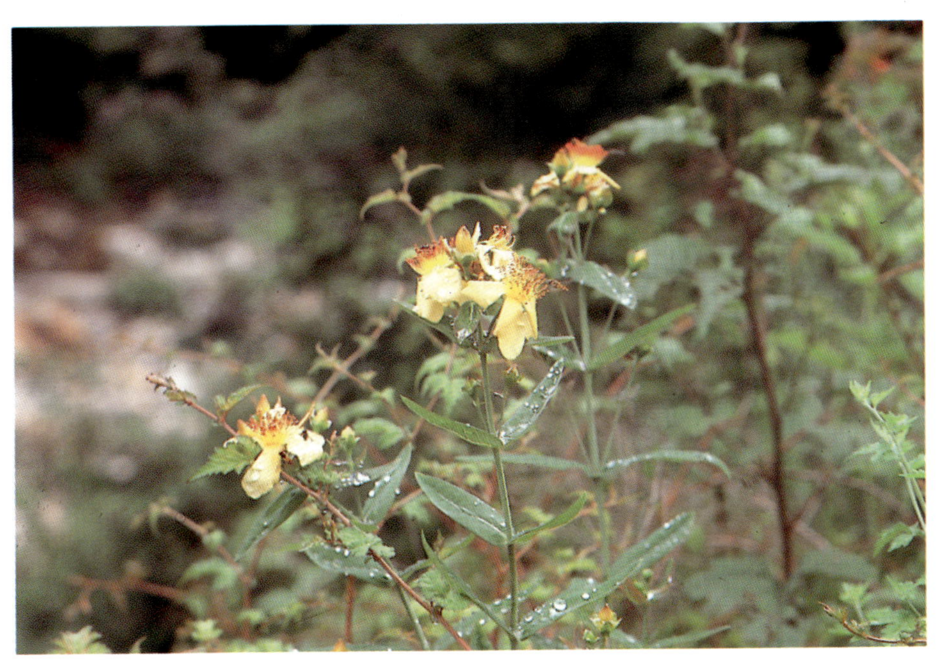

물레나물(黃海棠, 旱蓮草)　Hypericum ascyron L. var. genuinum Max.

물레나무, 매대채 등으로 불리는 물레나물과의 여러해살이풀이다. 전국의 야산지에 흔히 자라는 풀이다. 높이 60~90센티미터 정도 자라며 6월부터 8월 사이에 꽃이 피는데, 연한 황색이며 꽃잎이 바람개비 모양으로 약간 틀어진 게 특징이다. 10월에 종자가 익으며 식용, 약용, 관상용으로 쓰인다. 연주창, 지혈, 외상 등의 약재로 쓰이며 어린 잎은 나물로 먹는다. 꽃 모양도 일품이거니와 풀잎의 모양이나 그 크기가 적당하여 관상초로 적당한 풀이다. 여름에 꽃이 피면 크기 때문에 돋보이며 벌, 나비가 자주 찾는 꽃이기도 하다. 봄에 풀포기에서 적당히 분주하여 심거나 10월에 고추 같은 씨앗주머니 속의 종자를 채집하여 봄에 심으면 아름다운 꽃을 여름에 감상할 수 있다.

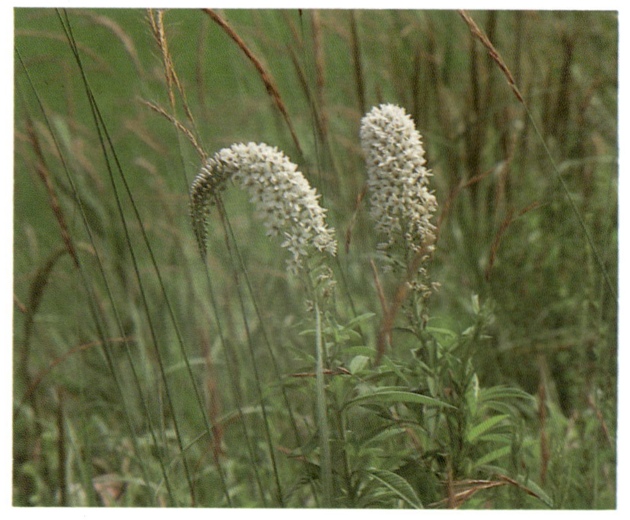

까치수염(狼尾花)　Lysimachia barystachys Bunge.

　까치수영, 개꼬리풀 등으로 불리는 앵초과의 여러해살이풀이다. 전국 야지의 습한 곳에 흔히 자라는 풀이다. 높이 30~70센티미터 정도 자라며 6월부터 8월 사이에 꽃이 핀다. 꽃은 백색이며 이삭 모양으로 모여 핀다. 9월에 종자가 익으며 식용, 관상용으로 쓰인다. 풀의 높이가 적당하여 길가 화단이나 공원 등지에 심어 놓으면 여름 내내 꽃의 장관을 이룬다. 이 꽃의 특징은 여러 개가 꽃을 피워도 모두 꽃송이가 일정하게 한쪽 방향으로 기울어져 매우 보기 좋게 된다는 것이다. 특히 꽃이 피면 벌, 나비가 계속 찾는 풀이다. 봄에 풀포기를 적당히 분주하거나 가을에 종자를 채집하여 봄에 심으면 된다. 청아한 야생꽃이다.

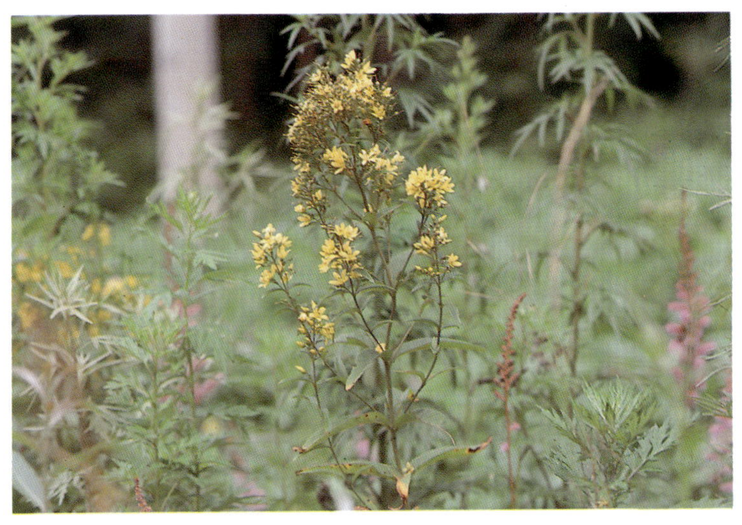

좁쌀풀(黃蓮花)　Lysimachia davurica Ledeb.

　가는좁쌀풀, 좁쌀까치수염 등으로 불리는 앵초과의 여러해살이풀이다. 전국 산야지의 습지에서 자라는 풀이다. 높이 60~100센티미터 정도 자라며 6월부터 8월 사이에 황색 꽃이 핀다. 10월에 종자가 익으며 식용, 약용, 관상용으로 쓰인다. 어린 잎은 나물로 먹으며 잎은 구충제 등으로 쓰인다. 유난히 키가 큰 편이며 가지가 보기 좋게 많이 뻗어 여름에 꽃을 피운다. 화단 등에 많이 심어 놓으면 아주 보기 좋은 야생초이다. 10월에 종자를 채집하여 봄에 뿌리면 잘 자라고 봄에 풀포기를 적당히 분주하여 심으면 여름내 자그마한 고운 꽃들을 감상할 수 있다. 때로는 꽃이 많이 달려 비스듬히 누워 피는 경우가 있다.

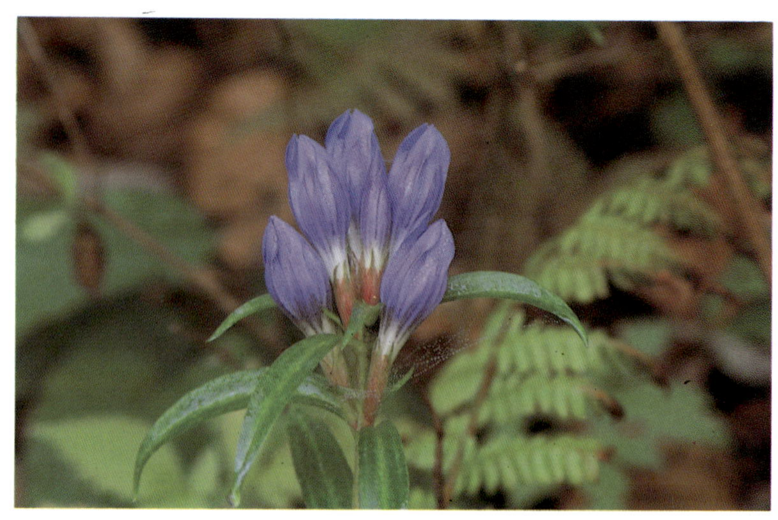

용담(草龍胆)　　Gentiana scabra Bunge. var. buergeri Max.

거친과남풀, 초룡담, 룡담, 초용담, 가는과남풀 등으로 불리는 용담과의 여러해살이풀이다. 제주도나 본토의 산지에 자라는 풀이다. 높이 60센티미터 정도 자라며 8월부터 10월 사이에 꽃이 핀다. 꽃은 짙은 보라색이며 11월에 종자가 익는다. 관상용 및 약용으로 쓰이며 건위, 설사, 계소, 간질, 경풍, 회충, 심장염, 습진 등 약재로 쓰인다. 꽃이 제법 크고 그 색깔이 뚜렷하여 가을의 야생초 가운데 빼어난 미인같다. 이 풀은 대개는 야산에서 높은 산까지 고루 자라며 특히 수림 속에 잘 자란다. 봄에 풀포기를 적당히 분주하여 심거나 늦가을 11월에 종자를 채집하여 심으면 잘 자란다. 이 풀은 절화용으로도 쓰인다. 화분에 심어 베란다에 놓으면 어울리는 야생초로 꽃말은 '우수'이다.

메꽃(旋花) *Calystegia japonica choisy.*

메, 선화(藥名) 등으로 불리는 메꽃과의 여러해살이풀이다. 전국의 산야지에 흔히 자라며 습기가 있는 논둑이나 냇가에도 잘 자라는 덩굴풀이다. 길이 2미터 정도 뻗으며 6월부터 8월 사이에 연한 홍색으로 꽃이 핀다. 10월에 종자가 익으며 식용 및 약용, 관상용으로 쓰인다. 뿌리를 영양 간식으로 먹으며 중풍, 천식, 이뇨, 감기 등의 약재로 쓰인다. 여름의 초원에서 커다란 꽃을 피우며 다른 물체를 감고 올라간다. 봄에 풀포기를 적당히 분주하여 심어 놓으면 잘 자란다. 10월에 종자를 채취하여 봄에 심으면 잘 자라며 화분에 심어 놓고 지주목을 세워 주면 여름에 아름다운 꽃을 볼 수 있다. 꽃말은 '속박' '충성' '수줍음'이다.

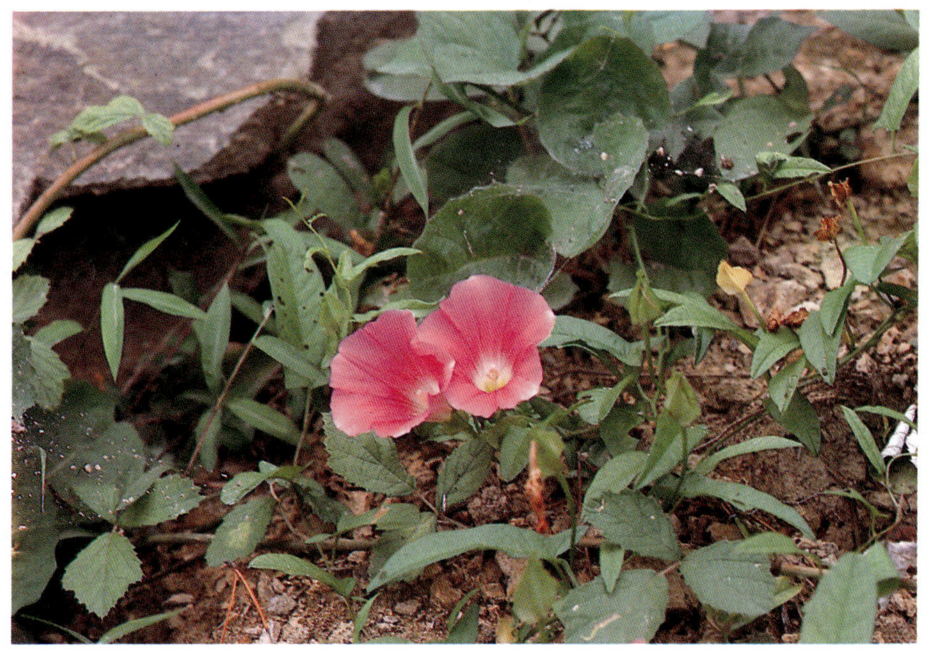

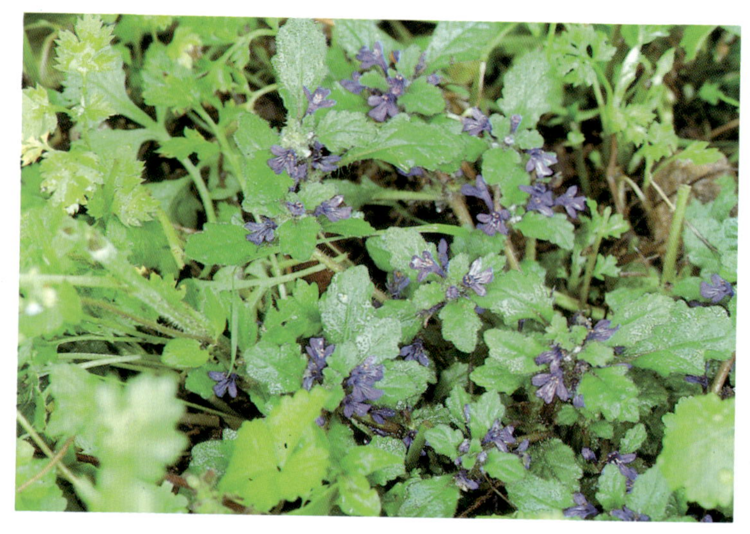

자란초(金瘡小草)　　*Ajuga decumbens* Thunb.

금창초 등으로 불리는 꿀풀과의 여러해살이풀이다. 우리나라 제주도, 울릉도 남부 지방 야지에서 자란다. 높이 50센티미터 정도 자라며 6월부터 8월 사이에 꽃이 핀다. 꽃은 연한 홍색이 도는 보라색이며 7, 8월에 종자가 익는다. 식용, 약용, 관상용으로 쓰이며 중부 지방에 옮겨 심어도 잘 자란다. 고혈압, 감기, 두창, 계소 등의 약재로 쓰이며 화분에 심는 야생초로서는 매우 적합한 풀이다. 꽃이 모여 피기 때문에 벌이 많이 찾아오는 꽃이다. 아파트의 베란다에 화분을 이용하여 심으면 멋진 화초가 되며 화단에 심어도 좋은 풀이다. 종자가 아주 작아서 채취하기 어렵다. 봄에 풀포기에서 적당히 분주하여 심으면 잘 자라고, 여름 내내 꽃이 핀다. 꿀풀과로서 키가 작으며 보기 좋은 풀 가운데 하나이다.

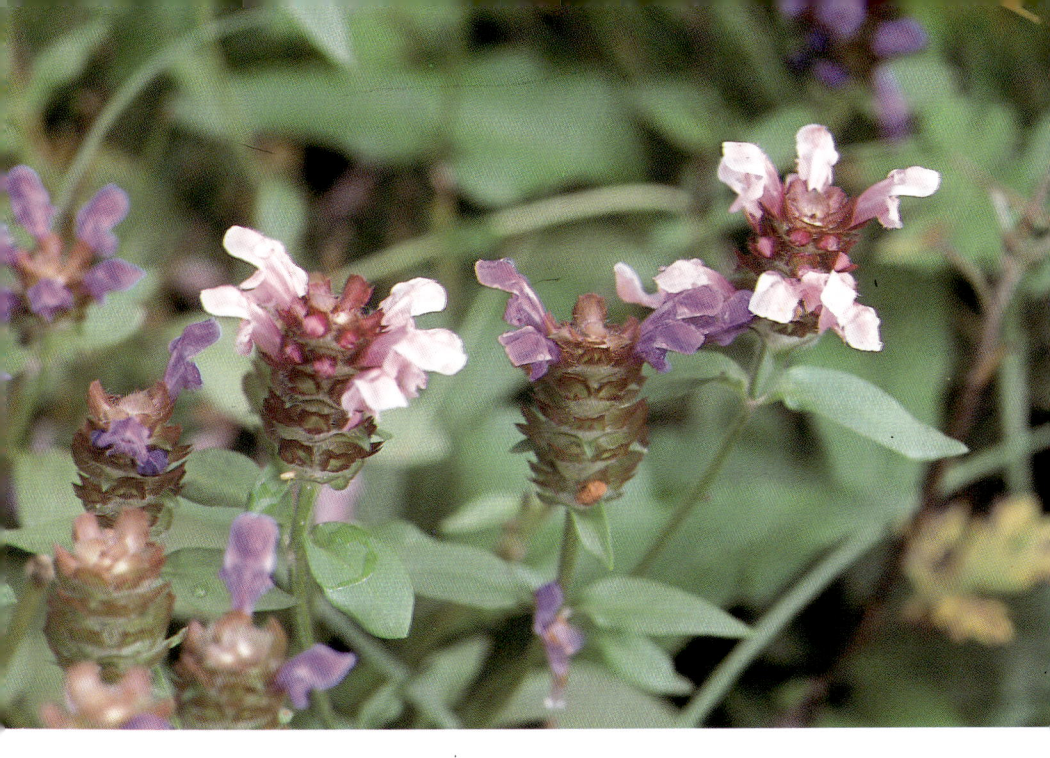

꿀풀(夏枯草)　Prunella vulgaris L./Prunella vulgaris L. var. albiflora Nakai. (흰꿀풀)
　　꿀방망, 꿀방맹이, 하고초, 가지골나물, 두메꿀풀 등으로 불리며 흰꿀풀(白花夏枯草)
이라고도 불리는 꿀풀과의 여러해살이풀이다. 전국의 산야지에 흔히 자라는 풀이며,
흰꿀풀은 남부 지방 및 중부 지방의 산야에만 자란다. 높이 30센티미터 정도 자라며
5, 6월에 꽃이 핀다. 꽃은 보라색 및 백색이며 6, 7월에 종자가 익는다. 이 풀은 꽃이
핀 다음 여름에 말라 죽는다고 하여 '하고초'라는 이름이 있다. 봄에 풀포기에서 적당
히 분주하여 화분에 심으면 여름에 꽃이 핀다. 화단이나 가로변에 집중적으로 심으면
어울리는 풀이며 아름다운 색깔의 꽃을 볼 수 있다. 7월에 종자를 채집하여 심어도
좋다. 하지만 흰꿀풀은 귀한 종이어서 찾기가 매우 힘든 풀이며 행운이 따라야 만날
수 있다.

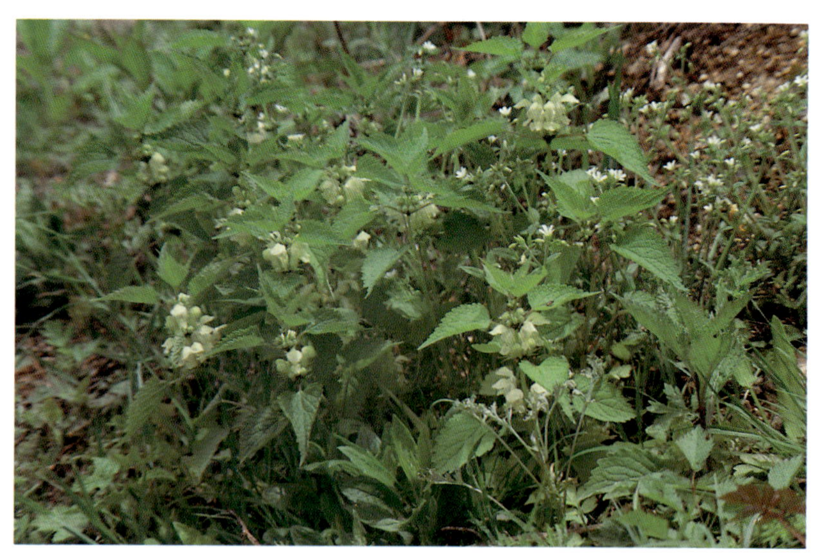

광대수염(鬠毛野芝麻)　Lamium album L. var. barbatum Fr. et Sav.

속단 등으로 불리는 꿀풀과의 여러해살이풀이다. 전국의 산야지, 계곡, 언덕에 흔히 자라는 풀이다. 높이 60센티미터 정도 자라며 5월에 꽃이 핀다. 꽃은 연한 황색으로 피며 풀잎과 줄기의 겨드랑이에서 핀다. 7월에 종자가 익으며 식용, 약용, 관상용, 밀원용 등에 쓰인다. 대하증, 강장 등의 약재로 쓰이며 꿀이 많아 양봉 농가에 좋은 풀이다. 꽃은 뛰어나지는 않지만 그 모습이 특이하고 풀잎의 모양도 화초로서 화단에 심으면 어울리는 풀이다. 봄에 풀포기에서 적당히 분주하여 화단이나 화분에 심어 두면 이듬해 꽃이 핀다. 이 풀의 어린순은 나물로 먹는다. 화단에 여러 포기를 집중으로 심으면 봄에 마디마다 많은 꽃들이 핀다. 7월에 종자를 채집하여 심으면 좋지만 채집이 어렵다.

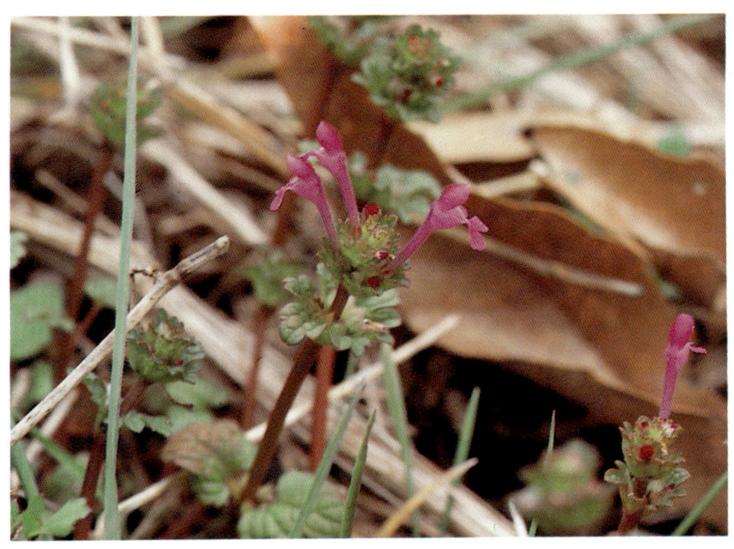

광대나물(珍珠蓮, 接骨草)　Lamium amplexicaule L.

　꼬딱지풀, 코딱지나물 등으로 불리는 꿀풀과의 한해 내지 두해살이풀이다. 전국의 야지 및 밭둑에 흔히 자라는 풀이다. 높이 25센티미터 정도 자라며 4, 5월에 꽃이 핀다. 꽃은 연한 홍색으로 피며 꽃에 작은 털이 있다. 7월에 종자가 익으며 식용, 약용, 밀원용 등에 쓰인다. 대하증, 강장 등의 약재로 쓰이며 양지바른 밭둑에서 이른 봄 3월 하순부터 풀잎과 꽃대가 올라와 곧 꽃이 핀다. 풀잎이 특이하며 꽃은 작지만 화단의 한구석이나 화분에 심으면 이른봄에 가느다란 분홍색의 꽃이 한번에 두 송이씩 핀다. 7월에 종자를 채집하여 심거나 봄에 풀포기에서 적당히 분주하여 심으면 다음해에 꽃을 볼 수 있다. 야지의 잡초 같지만 화분에 심고 가꾸면 화초가 된다.

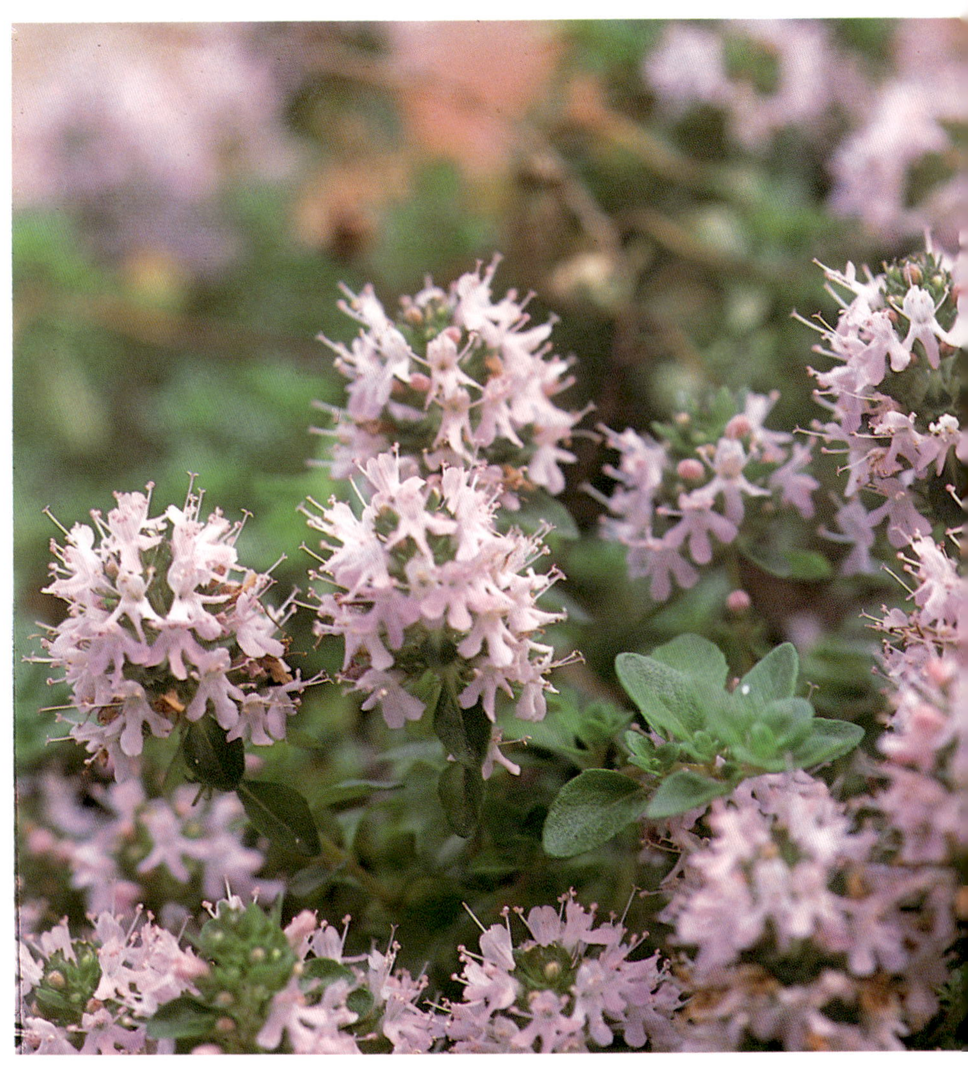

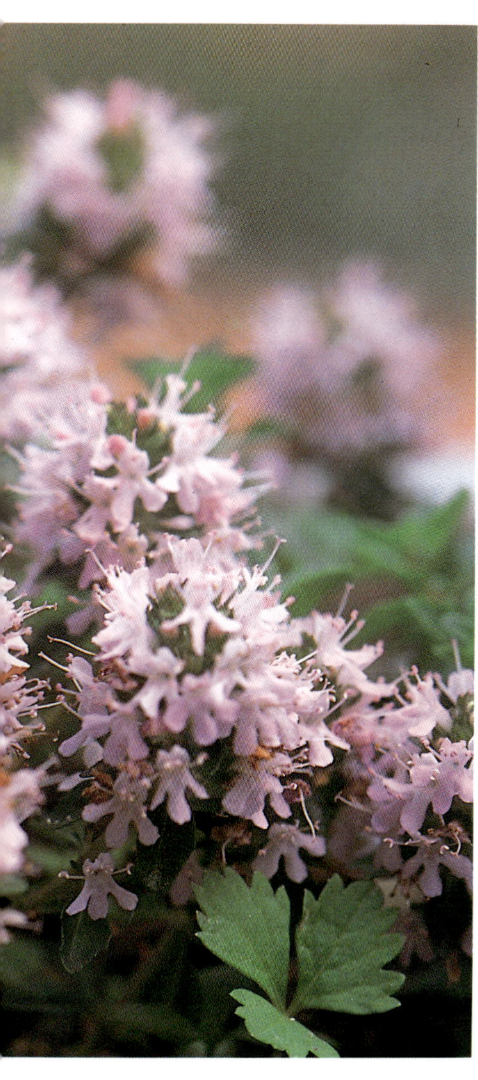

섬백리향(大花百里香) Thymus quinquecostatus Celakov. var. japonicus Hara.

울릉백리향 등으로 불리는 꿀풀과의 반낙엽관목이다. 한국 특산 식물이고 우리나라 울릉도의 바위틈에 잘 자란다. 풀같지만 관목으로 취급되며 때로 겨울에 잎이 월동하는 종도 있다. 높이 20~30센티미터 정도 자라며 6, 7월에 꽃이 핀다. 꽃은 연한 홍색이며 묵은 줄기마다마다 꽃대가 올라와서 꽃이 아주 많이 달린다. 식용, 관상용, 공업용, 밀원용 등에 쓰이며 활혈, 해열, 기관지염, 하혈 등의 약재로 쓰인다. 이 식물은 중부 지방에도 잘 적응되어 꽃이 많이 핀다. 겨울에 바깥에 그대로 두어도 죽지 않고 봄에 새순이 돋아나 꽃이 핀다. 널따란 정원이나 화단, 화분 등에 많이 심으면 여름에 온통 분홍색 옷감을 펼친 듯이 장관을 이룬다. 꿀이 많아 밀원재원용으로 적합한 식물이다. 또한 특산물로 우리가 자랑할 만한 식물이기도 하다.

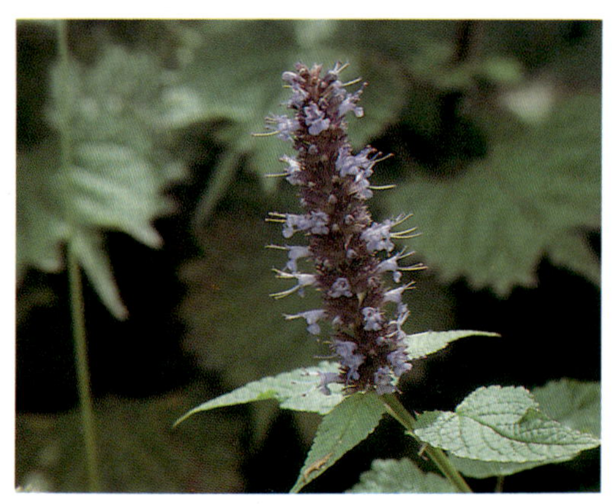

배초향(排草香) Agastache rugosa Kuntz.

방애잎, 중개풀, 방앳잎, 참뇌기 등으로 불리는 꿀풀과의 여러해살이풀이다. 산야지 계곡가나 둑에 흔히 자란다. 높이 1.5미터 정도 자라며 7월부터 9월 사이에 꽃이 핀다. 꽃은 보라색이며 10월에 종자가 익는다. 식용, 약용에 쓰이고 감기, 종기, 종독, 토역, 구토, 풍습 등의 약재로 쓰이며 봄에 연한 잎을 나물로 먹는다. 여름철에 계곡가의 습지 부근에 꽃은 별로 뛰어나지 못하지만 유난히 벌과 나비가 번갈아 찾아오는 꽃이 바로 이 풀이며, 화단에 집중적으로 심으면 보기 좋은 풀이다. 봄에 풀포기에서 적당히 분주하여 심거나 가을에 종자를 채집하여 뿌리면 자란다. 키가 크게 자라기 때문에 화분에는 걸맞지 않지만 정원의 한구석에 심으면 도시에서도 나비가 찾아드는 풀이기도 하다.

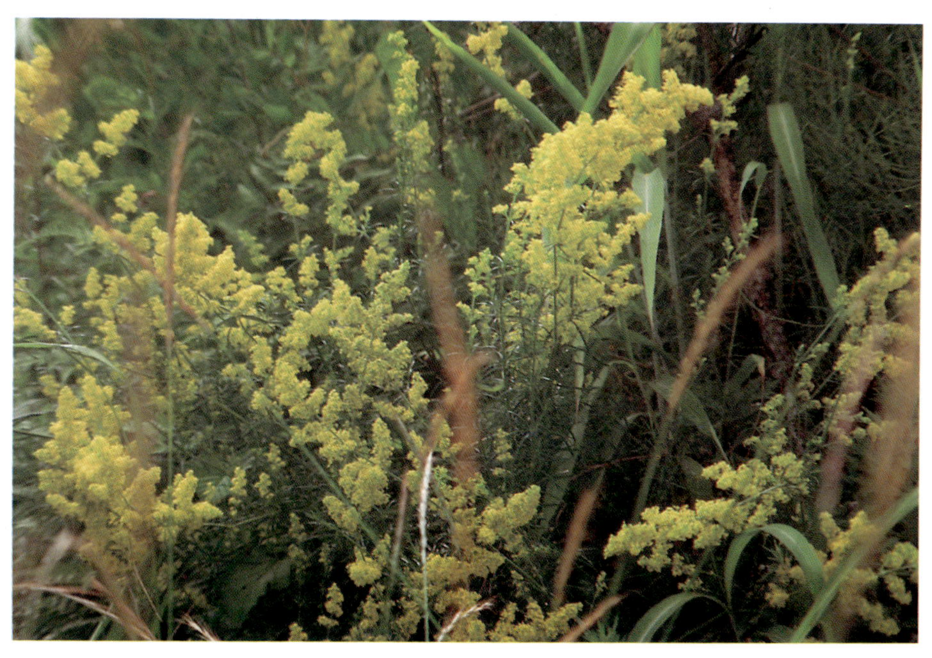

솔나물(蓬子菜)　Galium verum L. var. asiaticum Nakai.

꼭두선과의 여러해살이풀이다. 우리나라 특산 식물이며 전국의 야지 둑에 흔히 자라는 풀이다. 높이 60센티미터 정도 자라며 7, 8월에 꽃이 핀다. 꽃은 밝은 황색으로 여러 개가 뭉쳐져 피며 9월에 종자가 익는다. 식용, 관상용, 밀원용 등에 쓰이며 특히 양봉 농가에 도움을 주는 풀이기도 하다. 한여름의 푸른 초원에 노란 꽃을 많이 달고 대개는 누워서 핀다. 이른봄에 풀포기에서 적당히 분주하여 심으면 잘 자라고 9월에 종자를 채집하여 심어도 된다. 화단에 군집하여 심으면 여름에 황금색 꽃물결이 일렁일 정도이다. 풀잎이 꼭 솔잎같이 가늘게 달리는 특이한 풀이기도 하다. 아무데나 가리지 않고 잘 자라기 때문에 비교적 기르기 좋다.

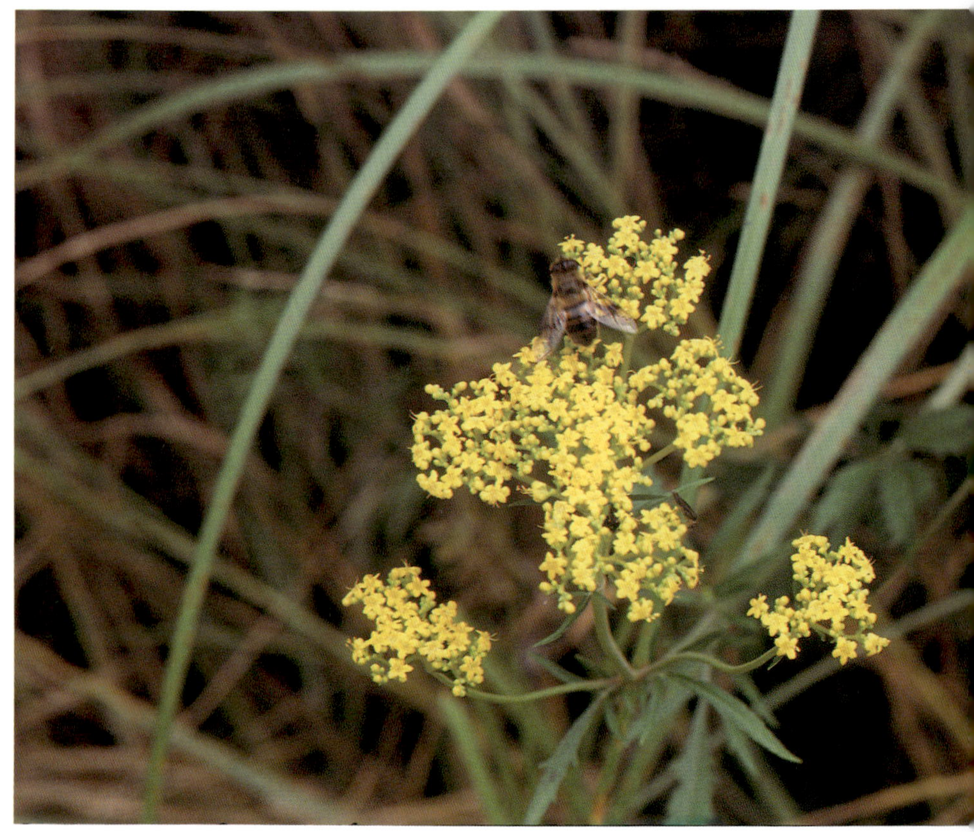

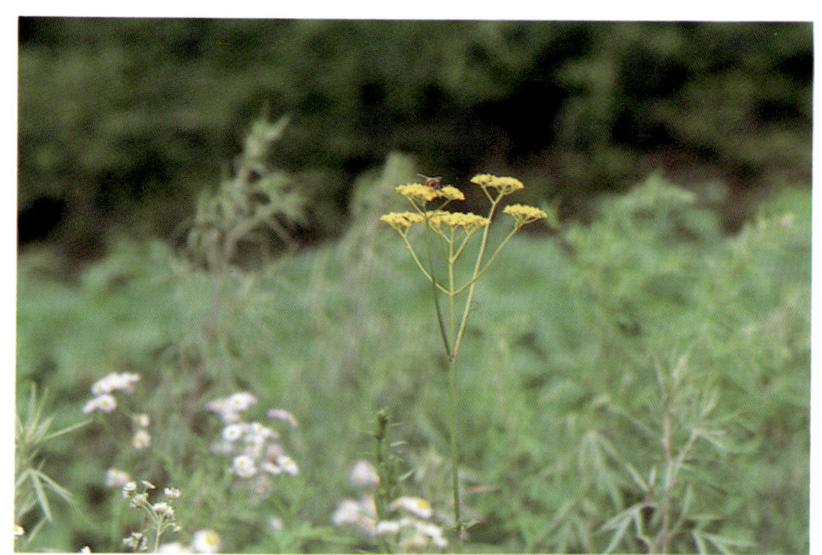

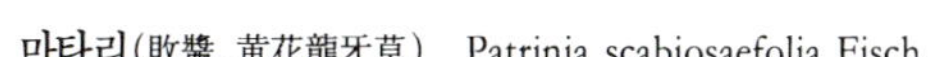

마타리(敗醬, 黃花龍牙草)　Patrinia scabiosaefolia Fisch.

강양취, 가얌취, 가양취, 미역취, 패장(藥名) 등으로 불리는 마타리과의 여러해살이풀이다. 전국의 산야 지대 양지에서 잘 자란다. 높이 1~1.5미터 정도 자라며 6월부터 10월 사이에 황색 꽃이 핀다. 11월에 종자가 익으며 식용, 약용, 관상용 등에 쓰이며 안질, 화상, 단독, 청혈, 종창, 소염, 대하증 등의 약재로도 쓰인다. 정원이나 화단에 군집하여 심으면 여름부터 가을까지 꽃을 볼 수 있다. 꽃은 크지 않지만 키가 크고 꽃대줄기도 노란색으로 매우 이색적인 풀이다. 화분에 심어도 잘 자란다. 봄에 풀포기를 적당히 분주하여 심으면 꽃이 피고 11월에 종자를 채취하여 심으면 된다. 한약재로 패장이란 이름으로 더욱 알려진 풀이다. 푸른 가을 하늘 아래 코스모스와 더불어 실바람에도 흔들리는 가냘픈 꽃이다.(왼쪽, 오른쪽)

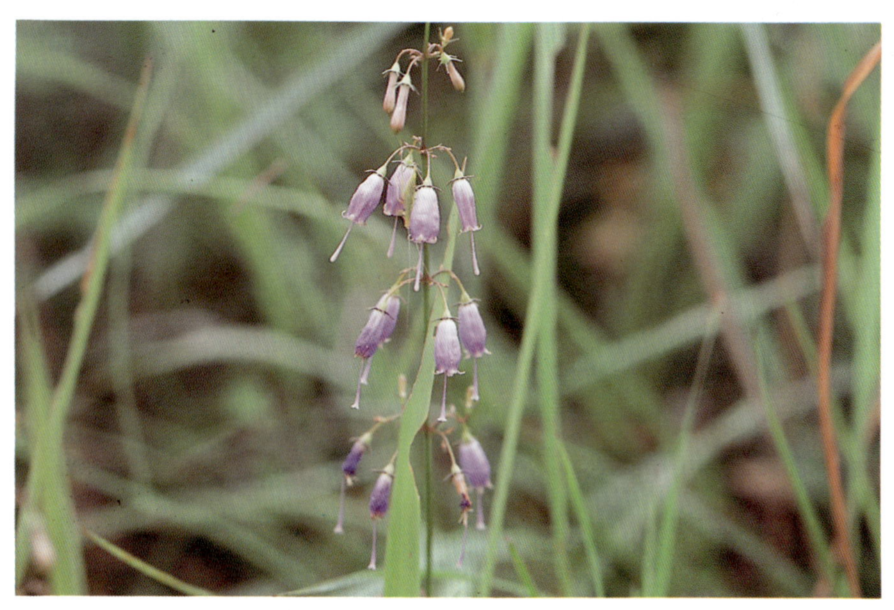

잔대(沙參)　　Adenophora triphylla Dc. var. japonica Hara.

딱추 등으로 불리는 도라지과의 여러해살이풀이다. 전국의 산야지 및 농가에서 재식
도 하는 풀이다. 높이 60~120센티미터 정도 자라며 7월부터 9월 사이에 연한 보라
색으로 매우 작은 꽃이 종같이 매달려 핀다. 11월에 종자가 익으며 식용, 약용, 관상
용 등에 쓰인다. 어린순을 나물로 먹으며 뿌리는 경기, 한열, 익담기 등의 약재로
쓰이며 여름에 야산 지대 초원에서 가느다란 꽃을 주렁주렁 달고 대개는 누워서 핀
다. 이 풀은 봄에 뿌리를 캐내어 심으면 잘 살며, 가을에 종자를 채집하여 봄에 뿌려
두면 잘 자란다. 화단이나 화분에 몇 그루씩 심으면 여름내내 자그마한 연한 보라색
의 꽃들을 감상할 수 있다. 예부터 민간 요법의 약재로 많이 쓰이는 풀이기도 하다.

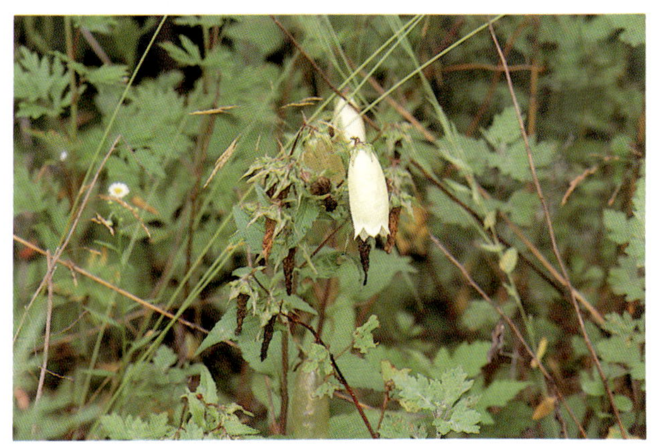

초롱꽃 (紫班風鈴草, 風鈴草)   Campanula punctata Lam.

소산채, 종꽃 등으로 불리는 도라지과의 여러해살이풀이다. 중부 지방의 산지 초원에 잘 자라는 풀이다. 높이 30~100센티미터 정도 자라며 6월부터 8월 사이에 꽃이 핀다. 꽃은 누른빛이 도는 백색이며 꽃과 온몸에 흰 털이 있고 꽃잎 안쪽으로 자주색의 반점들이 있는 게 특징이다. 9월에 종자가 익으며 식용, 약용, 관상용 등에 쓰이며 천식, 보익, 경풍, 한열, 보폐, 편도선염, 인후염 등의 약재로 쓰인다. 관상용으로 알맞은 풀이며 꽃이 크고 많이 피기 때문에 돋보이는 풀이기도 하다. 여름의 초원에서 종 같은 꽃을 주렁주렁 매달고 피는 야생초이며 화단에 심으면 어울리는 풀이기도 하다. 화분에 심어 두면 겨울에 안으로 들여놓지 않아도 죽지 않으며 여름에 꽃이 핀다. 꽃말은 '충실' '정의'이다.

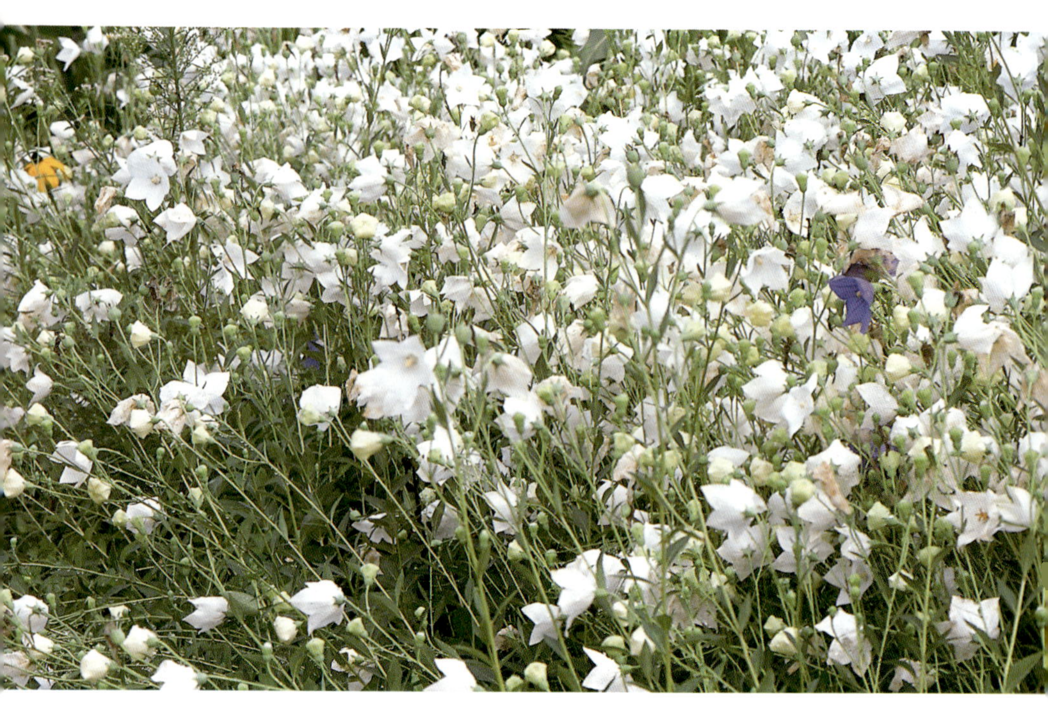

도라지(桔梗) Platycodon glaucum Nakai./Platycodon glaucum Nakai. form. albiflorum
Hara. (백도라지)

고길경, 질경, 배도라지, 산도라지(白桔梗)라 불리는 도라지과의 여러해살이풀이다.
도라지와 백도라지는 전국의 산야지 및 농가에서 재배도 하는 풀이다. 높이 50∼
100센티미터 정도 자라며 7, 8월에 보라색과 백색의 꽃이 핀다. 10월에 종자가 익으며
식용, 약용, 관상용으로도 쓰이며 어린순을 나물로 먹으며 뿌리도 나물로 먹는다.
편도선염, 복통, 지혈, 늑막염, 해소, 거담, 천식, 보익 등의 약재로 쓰이며 근래에는
농가에서 흔히 재배한다. 여름의 산지 숲속에 보라색 꽃으로 항상 우리와 더불어
옛 민요에도 등장하는 풀이다. 화단에 집중적으로 심으면 좋고 화분에 몇 포기 심어
베란다에 놓으면 여름에 꽃을 감상할 수 있다. 가을에 종자를 채집하여 봄에 심는
다. (왼쪽, 오른쪽)

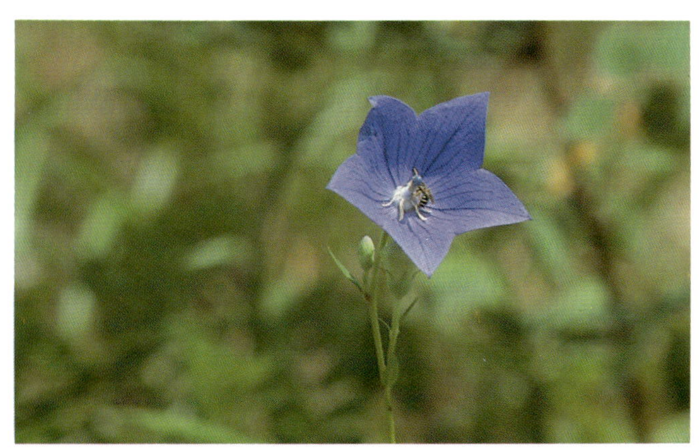

톱풀(蓍, 神草)　Achillea sibirica Ledeb.

　가새풀, 배암새, 배얌새, 산톱풀, 긴털톱풀, 가새나물, 신초(藥名), 거초 등으로 불리는
국화과의 여러해살이풀이다. 전국의 산야 초원지에서 다른 풀과 같이 어울려 잘 자란
다. 높이 60~90센티미터 정도 자라며 7월부터 10월 사이에 꽃이 피는데 꽃은 백색
으로 여러 송이가 모여 핀다. 10월에 종자가 익으며 식용, 약용, 관상용으로 쓰인다.
봄에 어린순을 나물로 먹으며 진경, 월경통, 진통 등의 약재로 쓰이며 화단이나 화분
에 심으면 여름부터 탐스러운 꽃이 핀다. 풀잎이 특이하게 나 있으며 10월에 종자를
채집하여 화단에 뿌려 두면 된다. 봄에 풀포기에서 적당히 분주하여 심으면 잘 자라
고 여름에 꽃을 감상할 수 있다. 이 풀은 줄기가 부러져도 땅에 심으면 살아난다.
(뒤)

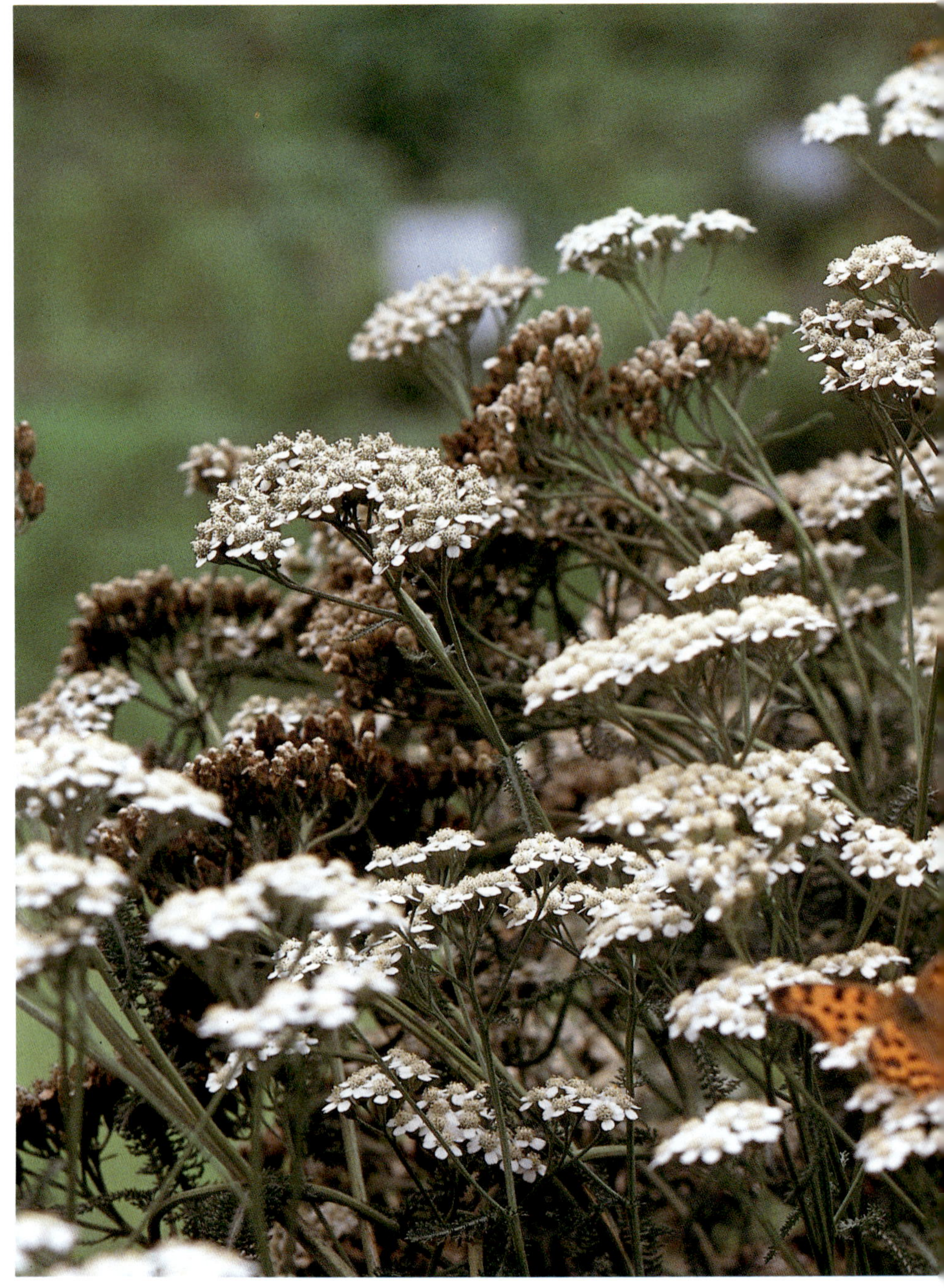

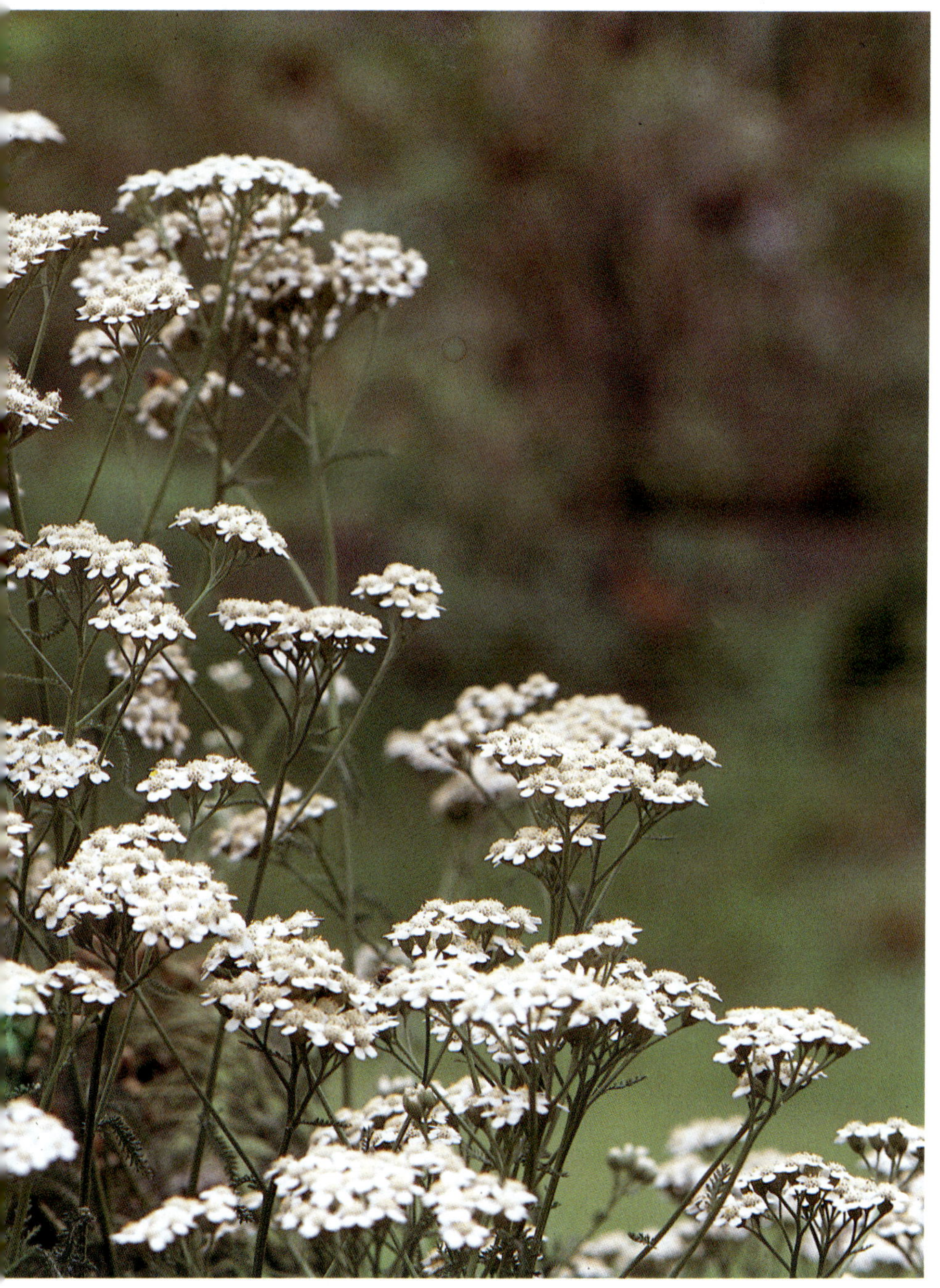

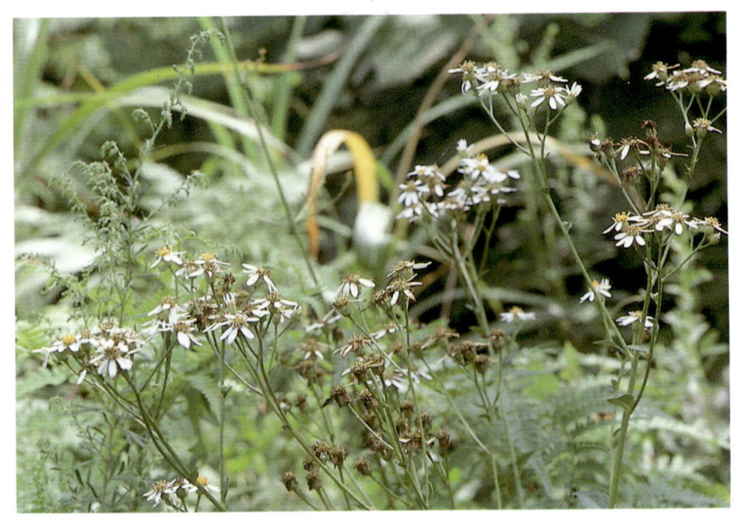

참취(東風菜, 白山菊)　　Astar scaber Thunb.

취, 취나물, 나물채, 암취 등으로 불리는 국화과의 여러해살이풀이다. 전국의 산야지에 흔히 자라는 풀이다. 높이 1.5미터 정도 자라며 8월부터 10월 사이에 백색 꽃이피고 11월에 종자가 익는다. 식용, 약용, 관상용으로 쓰이며 어린순을 취나물이라하여 많이 먹는 풀이다. 해소, 이뇨, 보익, 방광염 등의 약재로 쓰이며 8월이 되면산지의 초원에서 자그마한 국화송이들을 하얗게 여러 송이 달고 키가 크게 자라서사람의 눈에 잘 뜨인다. 정원이나 화단, 화분에 심으면 잘 자라고 봄에 풀포기에서적당히 분주하여 심으면 잘 자란다. 그러나 땅을 옮겨 놓으면 대개는 한 해가 지나야꽃이 핀다. 가을에 종자를 채집하여 심으면 좋다. 이 풀은 국화과에서 유일하게 종자에 의하여 번식이 잘 되지 않을 경우 무성 번식을 하는 식물이기도 하다. 여름에 풀잎에서 작은 새끼풀의 싹이 돋아나 가을에 그 풀잎이 땅에 떨어지면 이내 뿌리를 내리고 자라 번식한다. 이러한 풀잎을 발견하면 쉽게 종묘를 얻을 수 있다. 가을의 정감을듬뿍 주는 야생화이기도 하다.

86

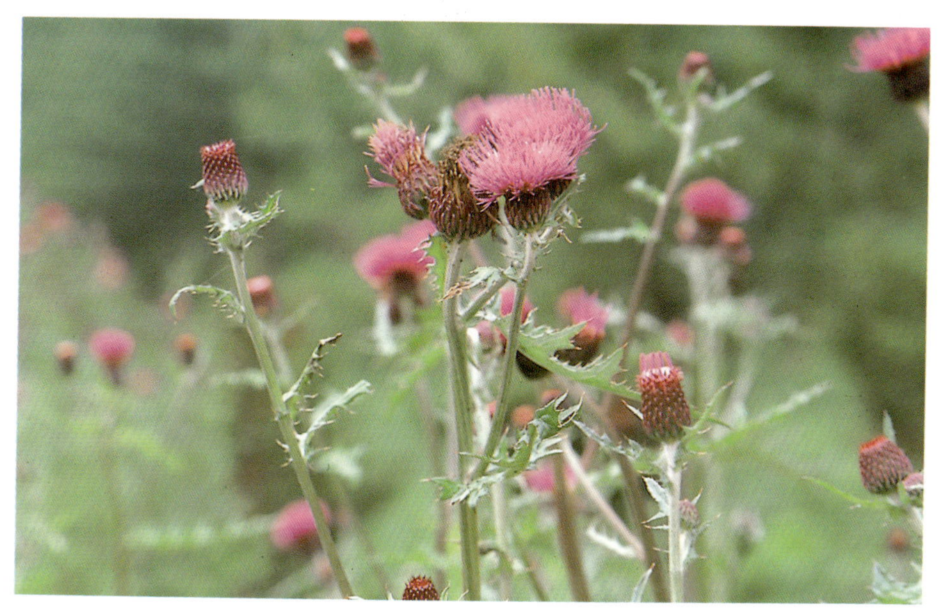

엉겅퀴(大薊草, 大薊)　Cirsium maackii Max.

　엉겅퀴, 가시나물, 항가새 등으로 불리는 국화과의 여러해살이풀이다. 전국의 야지에
흔히 자라며 온몸에 가시가 있고 끈끈한 액이 꽃 주위에 묻어 있는 풀이다. 높이 1
미터 정도 자라며 6월부터 8월 사이에 꽃이 핀다. 꽃은 홍색이며 꽃술만 보인다.
10월에 종자가 익으며 식용, 약용, 관상용으로 쓰이고 어린순을 나물로 먹으며 감기,
급창, 지혈, 토혈, 출혈, 부종, 대하증, 안태 등의 약재로 쓰인다. 흔히 가시나물이라
하여 멀리 하게 되지만 풀포기에서 적당히 분주하여 심으면 잘 자라고, 화분에 심거
나 화단에 심으면 도시에서도 공해에 강하여 잘 자란다. 탐스러운 꽃을 피우며 꿀이
많아서 벌, 나비가 자주 찾는 꽃이기도 하다. 아파트 화단이나 베란다에 심으면 이색
적인 멋을 풍기는 풀이다. 가을에 혹은 늦여름에 종자를 채집하여 즉시 심어 주면
곧 싹이 튼다. 잎은 겨울에 마르지만 뿌리와 중앙부의 어린 잎은 웅크리고 살아 있다
가 봄이면 자라서 꽃이 피게 된다. 가는지느러미엉겅퀴는 한해살이풀이다. 꽃이 피면
씨앗이 열린 다음 죽는다고 하지만 씨앗은 땅에 떨어지면 곧 싹이 튼다.

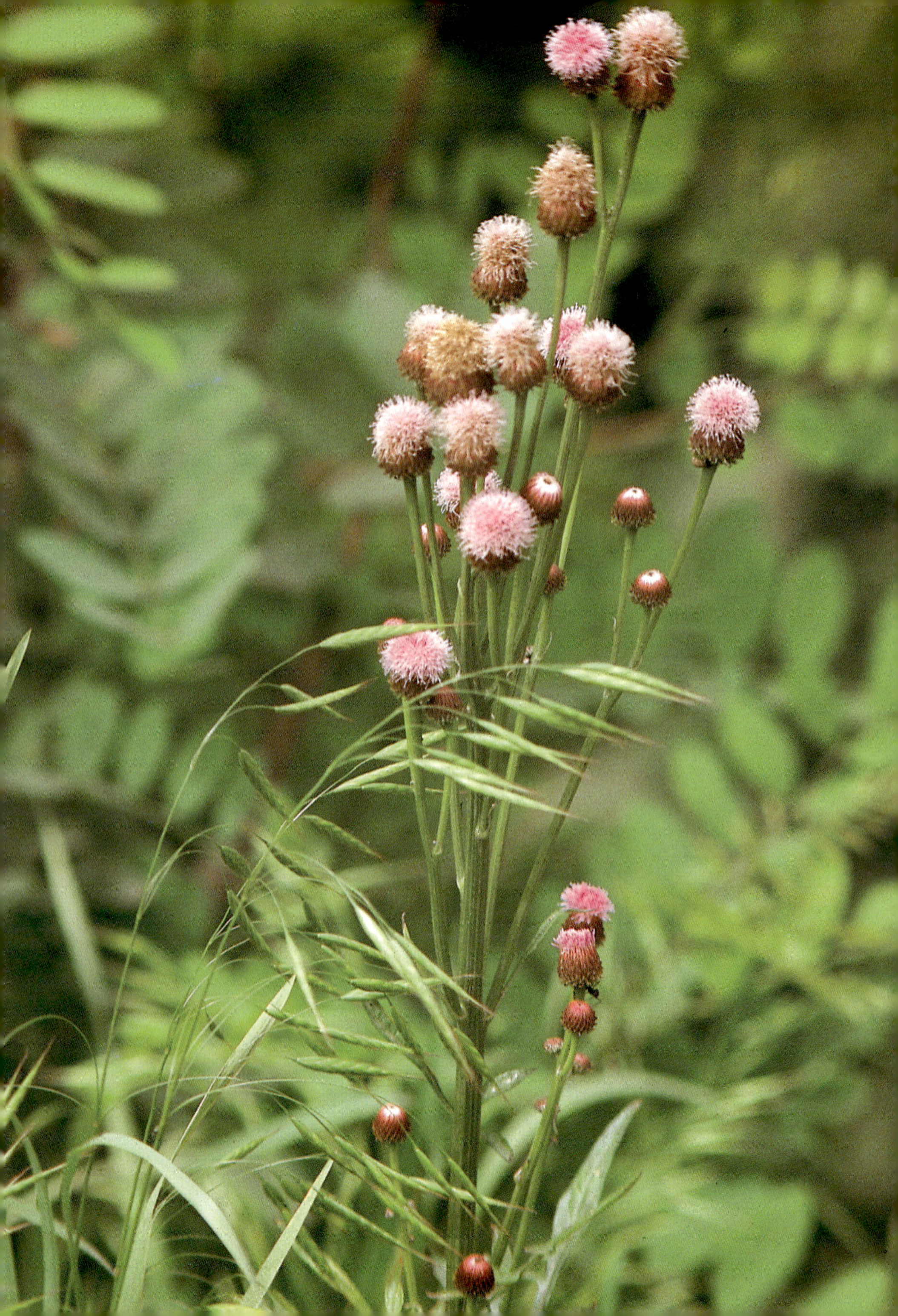

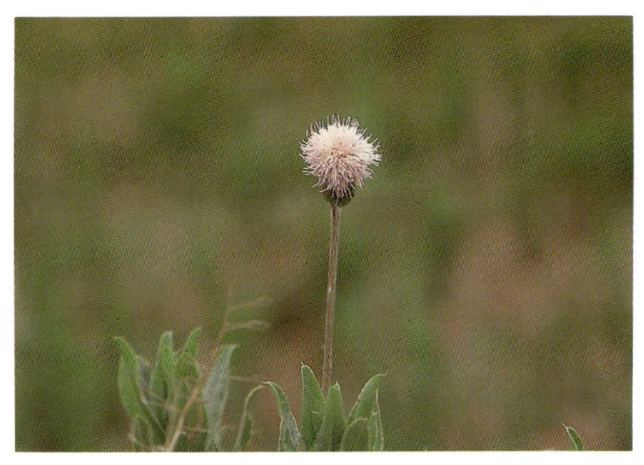

지칭개(野苦麻, 泥胡菜)　Hemistepsa lyrata Bunge.

지치광이, 지칭개나물 등으로 불리는 국화과의 두해살이풀이다. 전국의 야지, 흔히 다른 작물이 심어진 밭에 잘 자란다. 특히 고추밭 같은 곳에 많이 있다. 높이 60~90 센티미터 정도 자라며 5, 6월에 꽃이 핀다. 꽃은 연한 홍색으로 실 같은 꽃술만 보인다. 6, 7월에 종자가 익으면 바람에 날린다. 식용, 약용에 쓰이며 진정, 건위, 보익, 보폐, 강심, 이뇨 등의 약재로 쓰이고 어린순을 나물로 먹는다. 농가에서는 잡초로 취급하지만 밭에서 적당히 채집하여 화단에 심으면 잘 자란다. 군집하여 심으면 더욱 좋다. 여름에 종자를 채집하여 이른봄에 심으면 여름에 꽃을 볼 수 있다. 대개는 여름에 꽃이 지고 바로 종자가 땅에 떨어지면 싹이 튼 채 겨울을 지낸다. 이른봄에 작은 싹을 옮겨 심으면 된다. (왼쪽)

조뱅이(小薊)　Cirsium segetum Bunge.

자라귀, 조바리 등으로 불리는 국화과의 여러해살이풀이다. 전국의 길가 둑이나 논둑, 밭둑에 흔히 자라는 풀이다. 높이 20~40 센티미터 정도 자라며 7월부터 9월 사이에 꽃이 핀다. 꽃은 연한 홍색이며 꽃술만 실같이 보인다. 10월에 종자가 익으며 식용, 약용, 관상용으로 쓰인다. 어린순을 나물로 먹으며 감기, 금창, 지혈, 토혈, 출혈, 창종, 대하증, 안태 등의 약재로 쓰이며 길가에 버려지다시피한 풀이지만 풀포기를 적당히 분주하여 화단이나 화분에 심어 두면 여름에 멋진 풍경을 보여 준다. 10월에 종자를 받아서 봄에 심으면 잘 자란다. 넓은 화단에 군집하여 심어 놓으면 꽃이 필 때에는 일제히 꽃망울을 터뜨려 벌, 나비를 많이 유인하는 야생초 가운데 하나이다. (오른쪽)

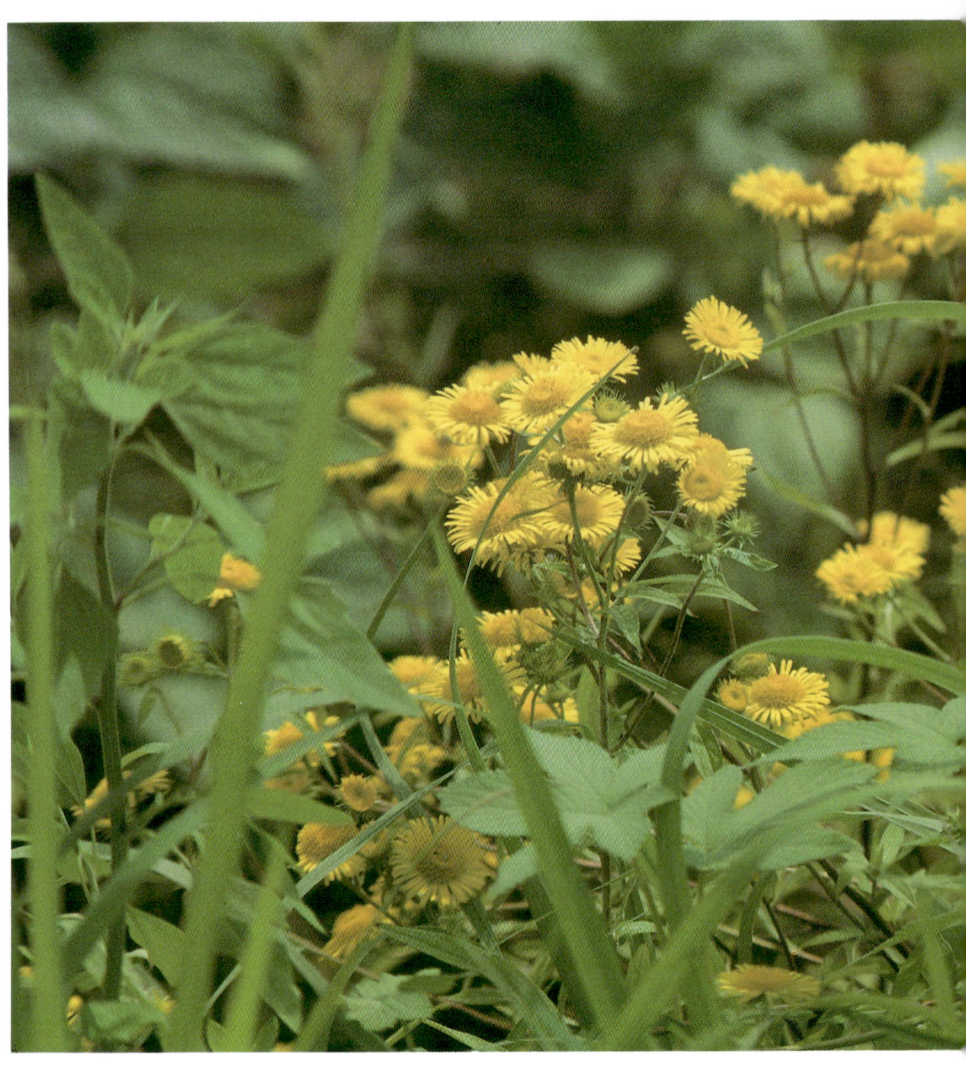

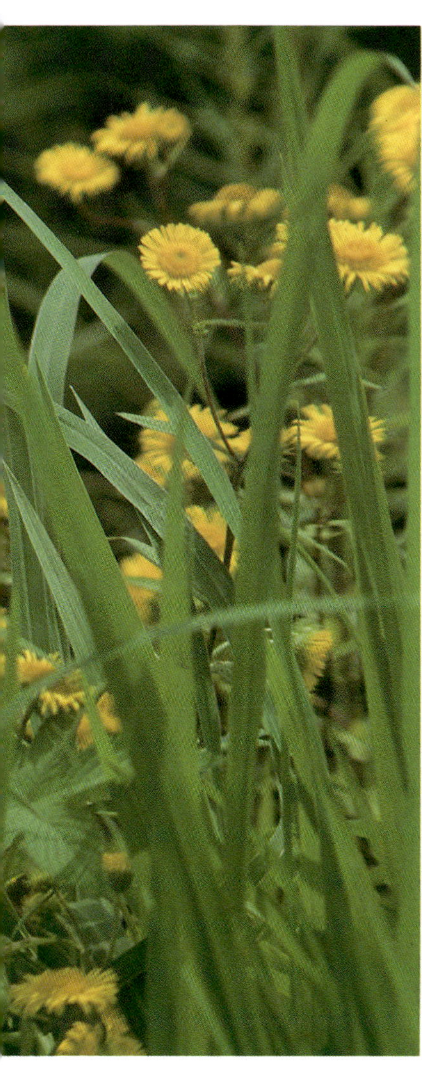

금불초(旋覆花, 六月菊)　Inula britannica L. subsp. japonica Kitamura.

대화선복초, 들국화, 옷풀, 하국, 선복화(藥名) 등으로 불리는 국화과의 여러해살이풀이다. 전국 산야지의 습한 초원에 잘 자라는 풀이다. 높이 60센티미터 정도 자라며 6월부터 10월 사이에 밝은 황금색 꽃이 피고 11월에 종자가 익는다. 식용, 약용, 관상용 등에 쓰이며 이뇨, 건위 등의 약재로 쓰인다. 어린순을 나물로도 하며 여름부터 가을까지 야지의 초원에서 유난히 노란색의 꽃들을 많이 달고 피는 풀이다. 봄에 풀포기에서 적당히 분주하여 심으면 잘 자란다. 11월에 종자를 채집하여 봄에 심으면 자라고 정원이나 화단에 군집하여 심으면 꽃이 필 때면 다른 꽃보다 색깔이 뛰어난 꽃이어서 관상용으로 매우 적합한 풀이다.

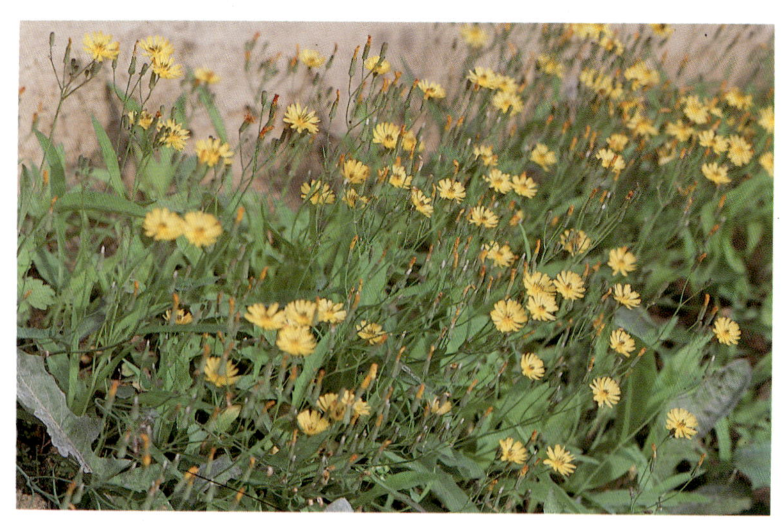

씀바귀(苦菜, 苦苦菜) Lactuca dentata Makino. var. flaviflora Makino.

씸배나물 등으로 불리는 국화과의 여러해살이풀이다. 우리나라 제주도 및 본토의 야지, 논둑이나 길가, 보둑 등에 흔히 자란다. 높이 30센티미터 정도 자라며 5월부터 7월 사이에 꽃이 핀다. 꽃은 황색으로 피며 8월에 종자가 익는다. 식용, 약용, 관상용에 쓰이며 이른봄에 어린순과 뿌리를 나물로 먹으며, 종창, 진정, 최민, 건위, 식욕 촉진 등의 약재로 쓰인다. 이른봄 얼음이 녹기 시작하면 야지의 둑에 붉은색의 풀잎이 돋아난다. 이 때 풀포기에서 적당히 분주하여 화단이나 화분에 심으면 잘 자란다. 약간의 습기를 좋아하며, 화단에 집중적으로 심으면 초여름에 고운 꽃들을 감상할 수 있다. 여름에 씨앗을 채취하여 심어도 된다.

산구절초(九折草, 仙母草)　　Chrysanthemum sibiricum Turcz. var. latilobum Komarov.

국화과의 여러해살이풀이다. 전국의 깊은 산에 흔히 자라는 풀이다. 높이 40센티미터 정도 자라며 9월에 백색 꽃이 피고 10월에 종자가 익는다. 식용, 약용, 관상용 등으로 쓰이며 꽃을 술에 담가 국화주로 유명한 꽃이기도 하다. 정혈, 식욕 부진, 강장, 부인병, 보온, 중풍, 건위, 신경통 등의 약재로 쓰인다. 군집하여 심으면 가을에 흰구름 같은 꽃들이 장관을 이루기도 하다. 공원이나 화단, 화분에 심으면 잘 자라고 가을에 씨앗을 채집하여 봄에 뿌려 두면 잘 자란다. 번식이 매우 잘 되며 봄에 풀포기에서 적당히 분주하여 심으면 가을에 꽃을 볼 수 있다. 향기 그윽한 가을의 대표적인 국화이다.

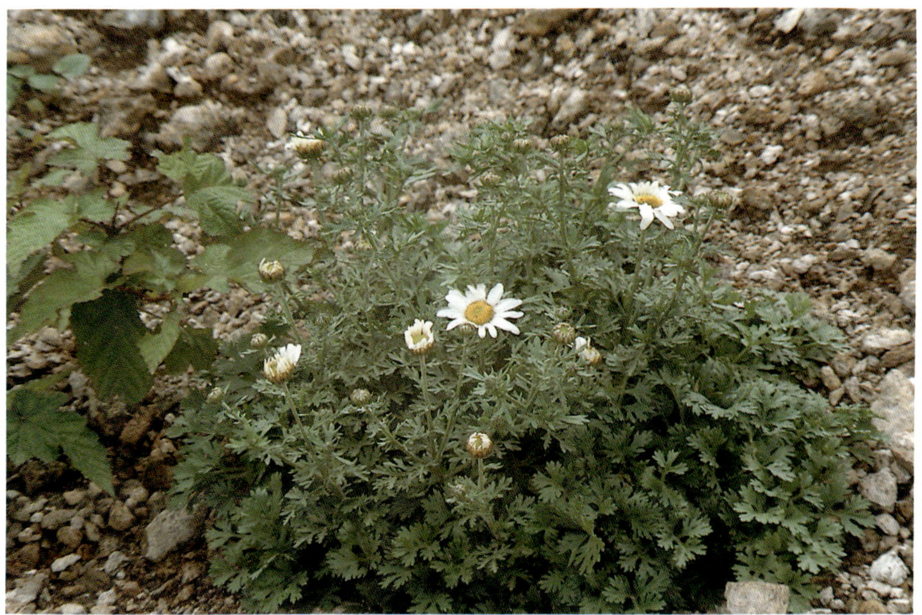

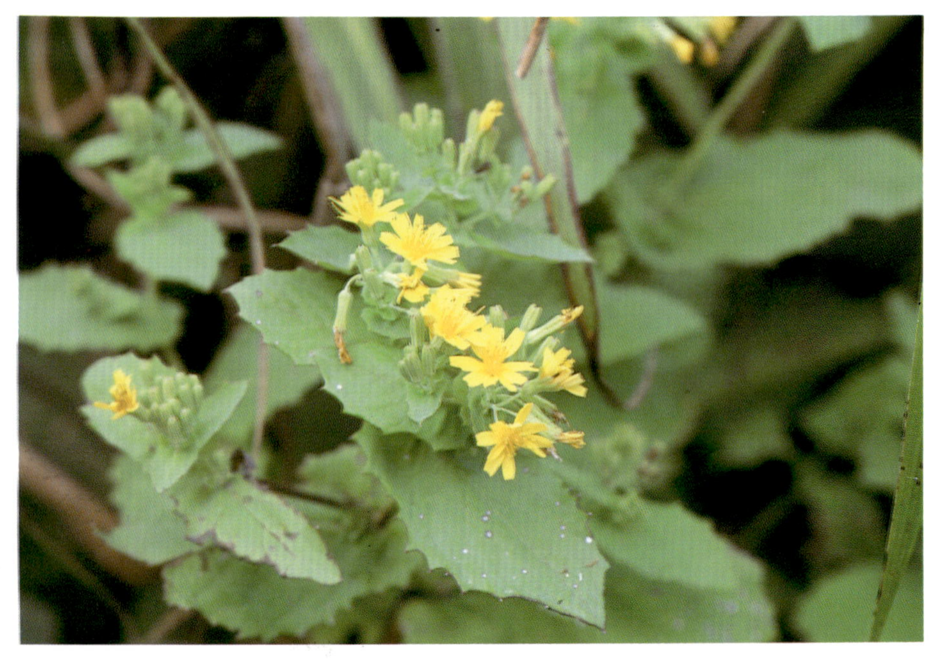

고들빼기(苦菜)　Lactuca bungeana Nakai.
　쓴나물, 씬나물 등으로 불리는 국화과의 두해살이풀이다. 전국의 야지 특히 인가 주변의 밭둑이나 빈터 등에 흔히 자란다. 높이 30～60센티미터 정도 자라며 6월부터 8월 사이에 꽃이 피는데 꽃은 황색이며 가지가 뻗으며 계속 핀다. 7, 8월에 종자가 익으며 바람에 날려 번식한다. 식용, 약용, 사료용, 관상용으로 쓰이며 봄에 어린순과 뿌리를 식용으로 하며 건위, 최민, 진정, 이뇨 등의 약재로 쓰인다. 우리 주변 야지에 흔히 나는 풀이지만 화단이나 화분에 집중적으로 심어 놓으면 여름내내 꽃이 피고 지고 계속한다. 가지가 많이 뻗어 꽃도 많이 핀다.

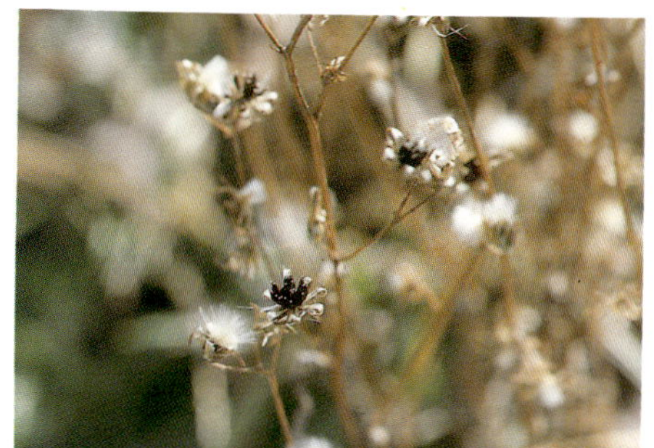 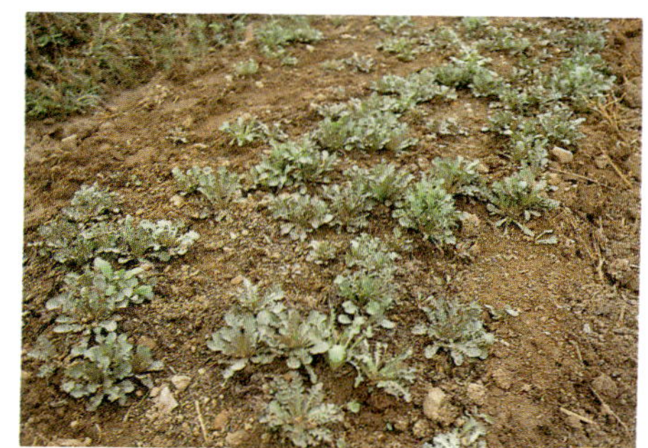

고들빼기는 7월이면 씨앗의 날개가 하얀 솜처럼 부풀며 이 때 까만 종자가 날개에 달린다. 이 풀은 종자가 땅에 떨어지면 바로 싹이 트고 곧 자라서 겨울을 맞이하게 된다. 그러므로 종자를 채취하여 즉시 화분이나 화단에 심으면 곧 새싹이 트고 풀포기가 자란다. 추위가 오면 자란 잎들은 마르고 중앙부터 어린 잎이 웅크리고 겨울을 난다. 이 때 집안 온실이나 더운 곳에 들여 놓으면 안 된다. 밖에서 그대로 겨울을 나게 하면 이른봄에 다른 풀들과 같이 새싹과 꽃대가 올라와서 여름에 꽃이 피게 된다. 야생 상태의 조건을 그대로 해주면 되고 식용 재배는 따로 비닐하우스에서 한다.

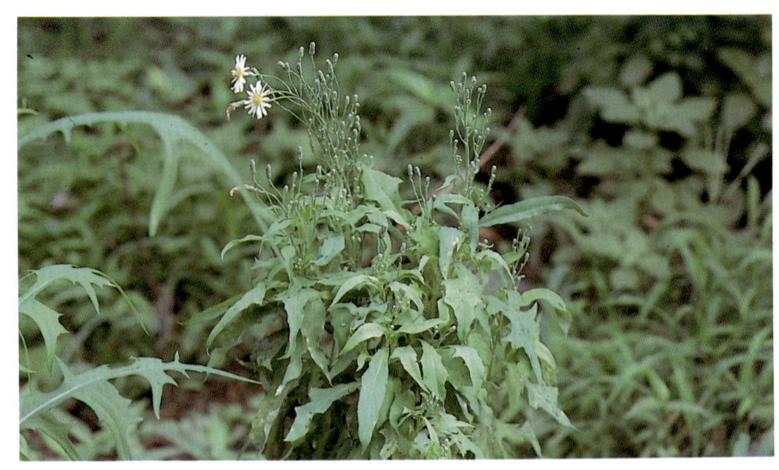

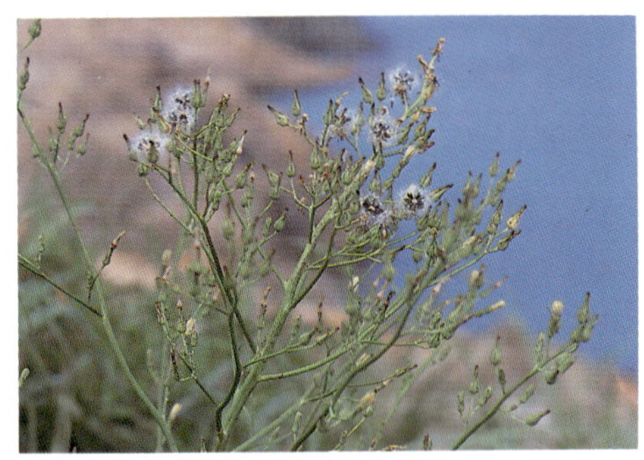

왕고들빼기(山萵苣, 山生菜)　Lactuca indica L. var. laciniata Hara.

　사라구, 수애뚱, 방가지뚱, 왕고둘빼기, 왕고즐빼기 등으로 불리는 국화과의 한해
내지 두해살이풀이다. 전국의 산야 길가의 초원지에서 흔히 자라는 풀이다. 높이
1.5∼2미터 정도 자라며 7월부터 9월 사이에 꽃이 핀다. 꽃은 황색 또는 연한 황색
등인데 백색에 가까운 것도 있다. 꽃대가 너무 길어서 대개는 누워서 핀다. 10월에
종자가 익으며 하얀 날개가 펴져 바람에 날린다. 식용, 약용, 관상용, 사료용으로 쓰이
며 봄에 어린순을 나물로 먹으며 건위, 최민, 진정, 이뇨 등의 약재로 쓰인다. 봄에
풀포기에서 적당히 분주하여 심으면 잘 자란다. 가을에 씨앗을 채집하여 봄에 심으면
핀다. 화단에 군집하여 심고 여름에 줄기를 쳐주면 키가 적당히 자라며 모양도 좋게
꽃이 핀다. (위, 아래)

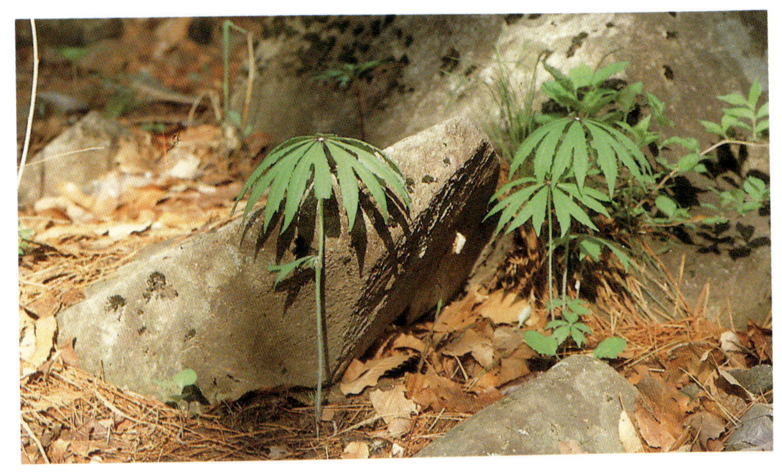

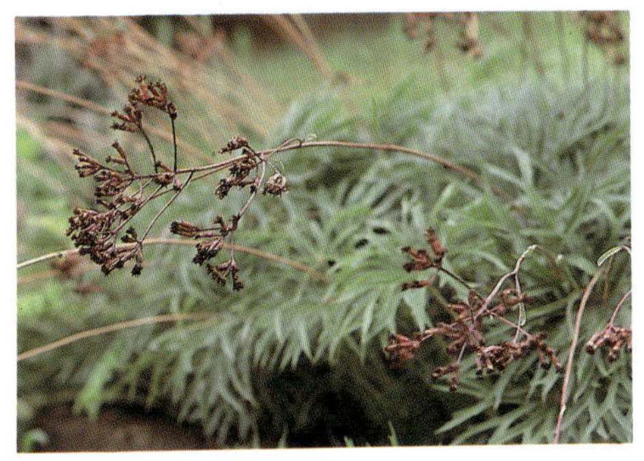

우산나물(兎兒傘) *Syneilesis palmata* Max.

  국화과의 여러해살이풀이다. 전국의 산지 수림 등지에 흔히 자란다. 높이 60~90센티
미터 정도 자라며 8, 9월에 꽃이 핀다. 꽃은 적자색이며 꽃술은 흰빛이다. 10월에
종자가 익으며 식용, 관상용으로 쓰이며 봄에 어린순을 나물로 먹는다. 이른봄에
풀포기에서 적당히 분주하여 심으면 잘 살고 가을에 종자를 채집하여 봄에 뿌리면
곧 새싹이 튼다. 이 풀은 꽃보다 풀잎의 모양이 꼭 우산 모양으로 줄기를 중심으로
하여 둥글게 둘러나 매우 이색적이다. 키가 너무 커서 꽃대가 누워서 피게 된다. 화초
로 알맞은 풀이며 군집하여 심으면 매우 이색적인 화단이 된다.(위, 아래)

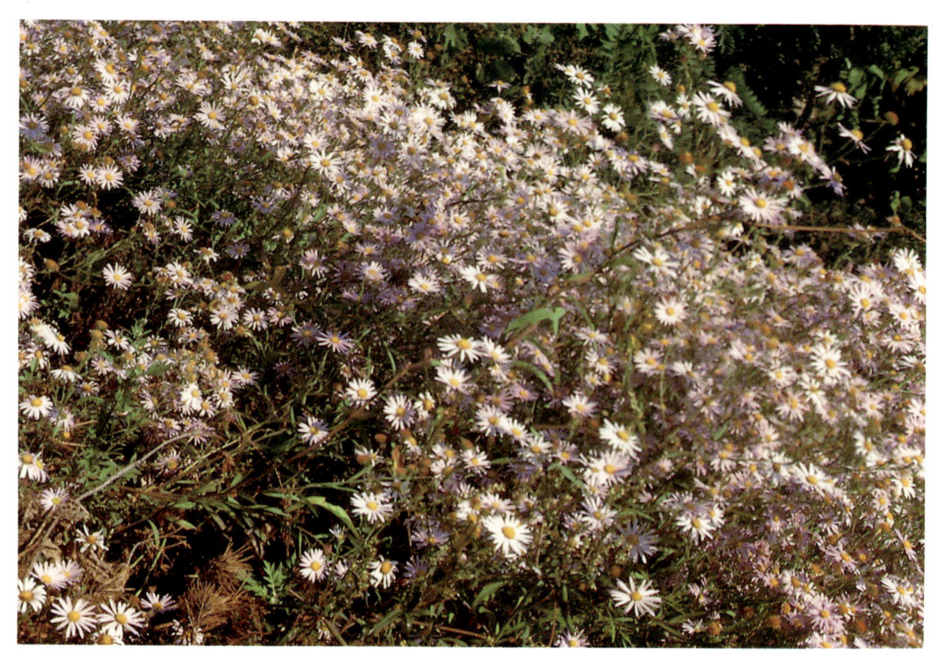

벌개미취(朝鮮紫菀) Aster Koraiensis Nakai.

별개미취 등으로 불리는 국화과의 여러해살이풀이다. 한국 특산 식물로 제주도, 남부 지방, 중부 지방의 산야에 흔히 자란다. 높이 60센티미터 정도 자라며 6월부터 10월 사이에 꽃이 핀다. 꽃은 백색 바탕에 보라색이 섞여 있다. 11월에 종자가 익으며 식용, 약용, 관상용 등에 쓰인다. 꽃으로 국화주를 담그며 보익, 해소, 이뇨 등의 약재로 쓰인다. 이 풀도 여름부터 늦가을까지 꽃을 많이 피우고 향기를 뿜어낸다. 늦가을 다른 풀잎이 누렇게 시들고, 찬서리가 내릴 즈음이면 더 많이 꽃을 피운다. 봄에 적당한 포기에서 분주하여 심으면 잘 자라며 가을에 종자를 채집하여 심어도 잘 자란다. 가을에 꽃이 탐스럽게 많이 피는 국화 가운데 하나이며 화단이나 화분에 심어 베란다에 놓으면 좋다. 화단에도 많이 심으면 멋진 꽃이다.

98

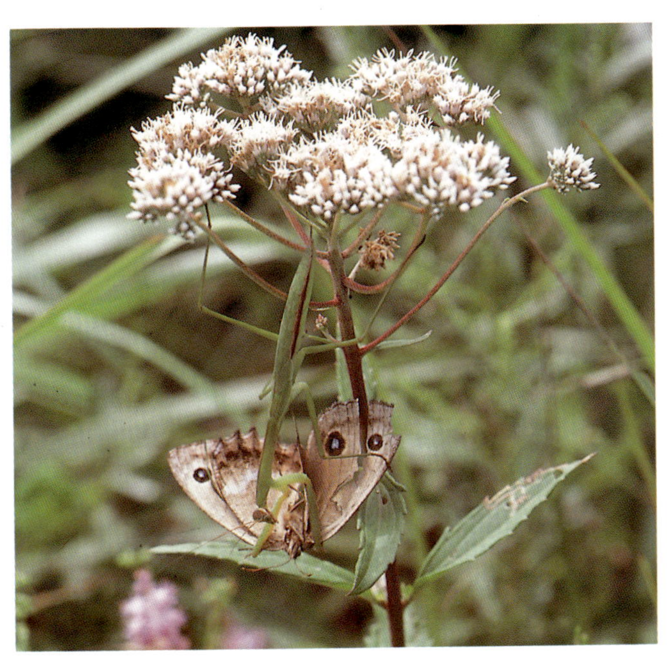

등골나물(山蘭, 澤蘭, 不老草)　Eupatorium japonicum Thumb.

　쉽싸리, 가조백이, 등골나무 등으로 불리는 국화과의 여러해살이풀이다. 전국의 산야
지 초원에 흔히 자라는 풀이다. 높이 30~70센티미터 정도 자라며 7월부터 10월
사이에 꽃이 핀다. 꽃은 붉은빛이 도는 자주색으로 꽃잎은 안 보이고 실 같은 꽃술만
서로 엉켜져, 꽃이 핀 것인지 시든 것인지 분간하기 어려운 이색적인 꽃이다. 10월에
종자가 익는다. 식용, 약용, 관상용으로 쓰이며 어린순을 나물로 먹으며 황달, 보익,
당뇨, 통경, 중풍, 고혈압, 산후 복통, 토혈, 폐렴, 맹장염 등의 약재로 쓰인다. 아무데
나 가리지 않고 잘 자라며 10월에 종자를 채집하여 봄에 심거나, 봄에 적당한 풀포기
를 이식하여 심으면 잘 자란다. 화단에 많이 심으면 가을에 멋진 풍경을 볼 수 있다.
꿀이 많아 벌이 자주 찾는 꽃이기도 하다.

닭개비(鴨跖草, 三角菜)　　Commelina communis L.

닭의밑씻개. 닭의장풀, 닭의꼬꼬, 닭이장풀, 압석초(藥名) 등으로 불리는 닭의장풀과의 한해살이풀이다. 전국의 야지 밭이나 둑, 인가 부근의 음습한 곳에 흔히 자라는 풀이다. 높이 50센티미터 정도 자라며 7월부터 9월 사이에 꽃이 핀다. 꽃은 보라색이며 꼭 닭의 벼슬 모양이다. 10월에 종자가 익으며 식용, 약용으로 쓰인다. 어린순을 나물로도 먹으며 종기 등의 약재로 쓰이고 근래에는 말린 풀을 삶아서 물을 마시면 당뇨병에 효과가 있다고 흔히 사용한다. 또 가축의 사료로도 사용한다. 여름이나 봄에 풀포기를 적당히 옮기면 잘 자란다. 가을에 종자를 채집하여 뿌려 두어도 잘 자란다. 농가에서는 구차한 잡초로 취급하지만 화분이나 화단에 심으면 여름내 고운 꽃을 감상할 수 있는 풀이다. (왼쪽, 오른쪽)

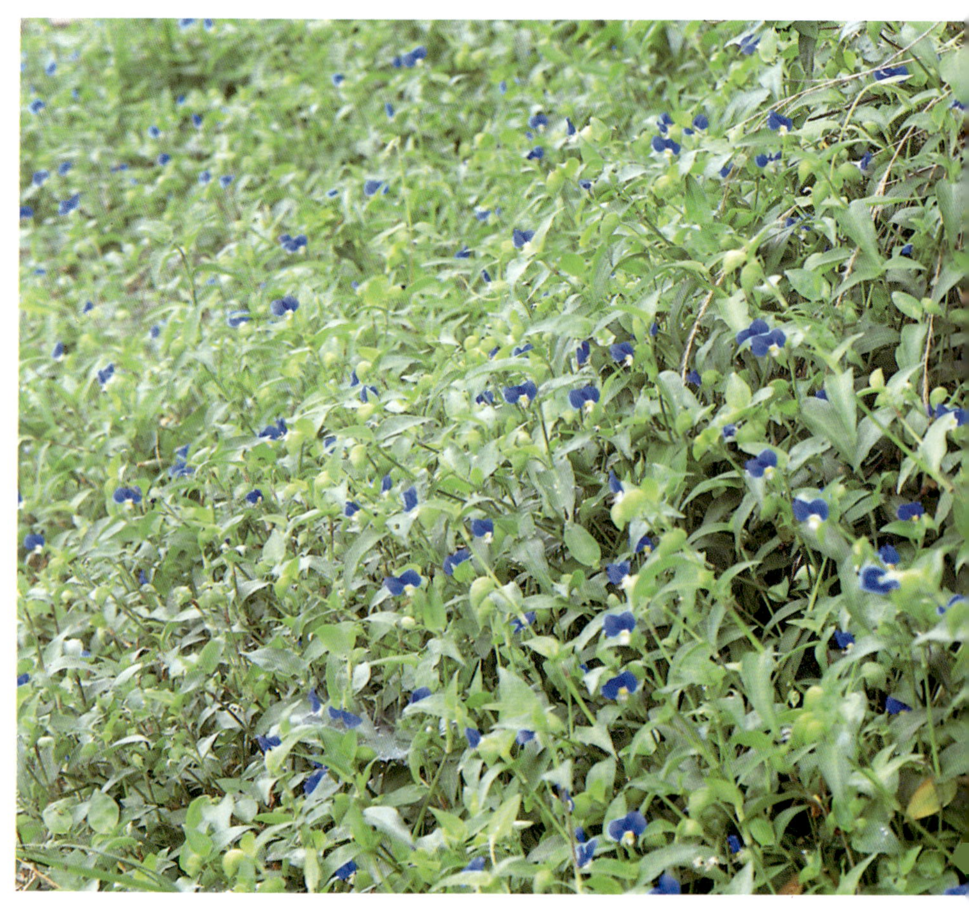

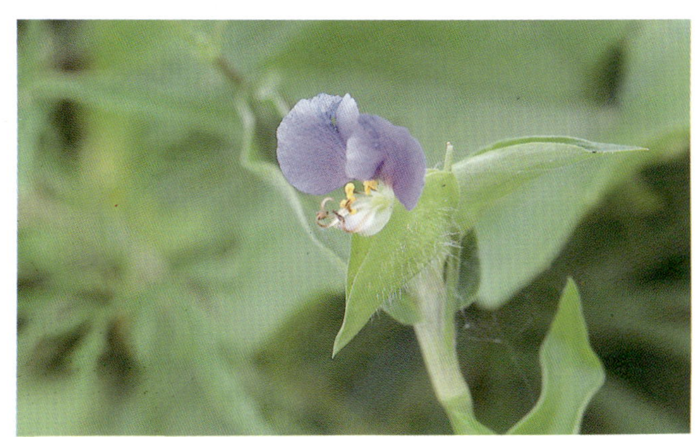

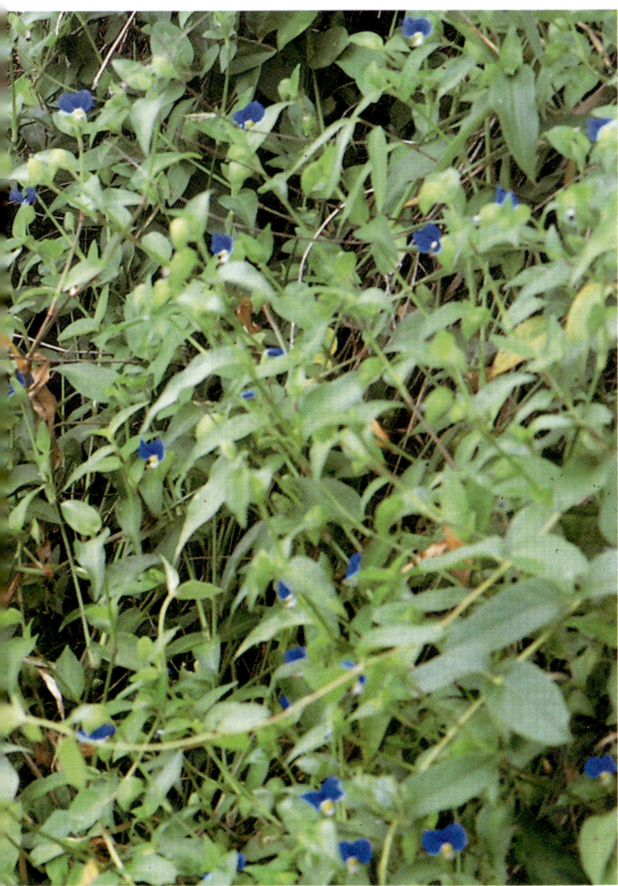

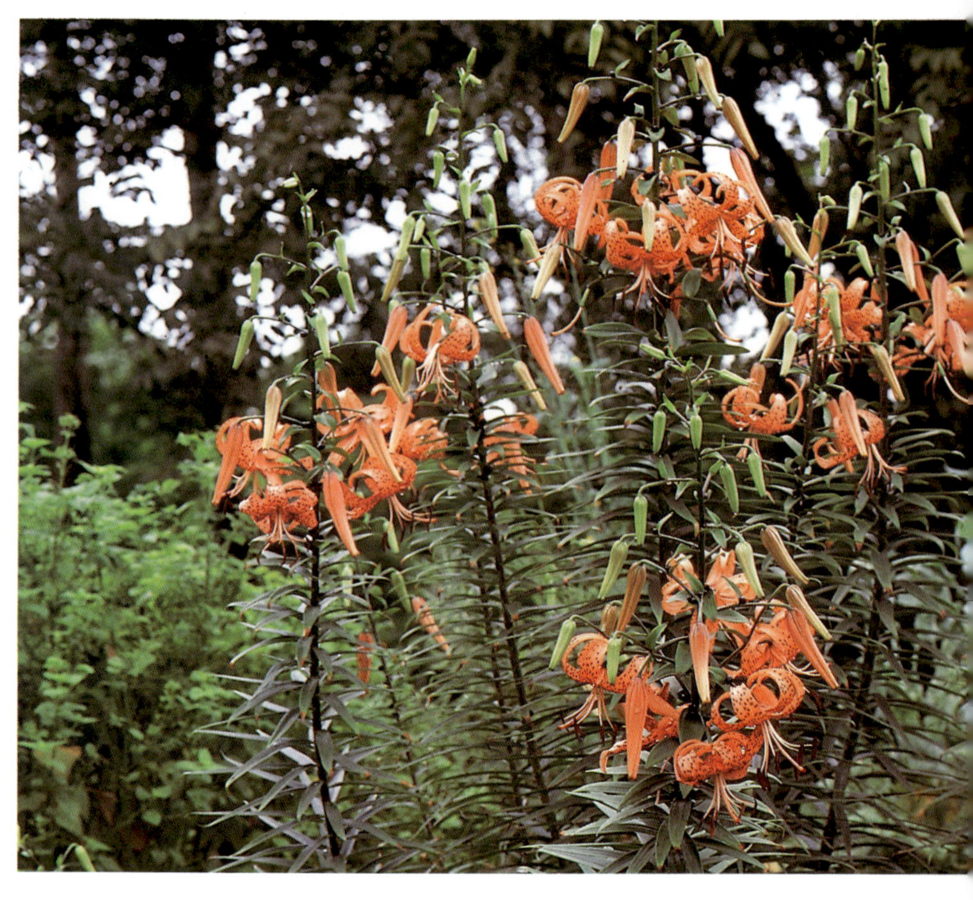

참나리(卷丹, 虎皮百合, 紅百合)　Lilium lancifolium Thunb.
　백합, 당개나리, 권단(藥名) 등으로 불리는 백합과의 여러해살이풀이다. 전국의 산야
지에 흔히 자라며 인가의 울 안에 심고 있다. 높이 1～1.5미터 정도 자라며 7, 8월에
꽃이 핀다. 꽃은 붉은색 바탕에 흑자색의 반점이 많이 있다. 10월에 종자가 익으며
식용, 약용, 관상용, 양봉용 등에 쓰인다. 이 풀의 인경을 식용, 자양, 강장식으로 하며
건위, 종독 등의 약재로 쓰인다. 꿀이 많아 벌, 나비가 항상 찾는 꽃이기도 하다. 여름
에 유난히 키가 크게 자라 꽃이 탐스럽게 핀다. 이 풀의 줄기와 잎 사이에 흑청색의
주아가 열린다. 이 주아가 땅에 떨어지면 곧 새싹이 돋는다. 봄에 풀포기에서 적당히
분주하여 심으면 잘 자란다. 우리에게 친근감을 주는 호랑 무늬의 백합으로 화단에
많이 심으면 어울린다. 꽃말은 '순결'이다.(왼쪽, 오른쪽)

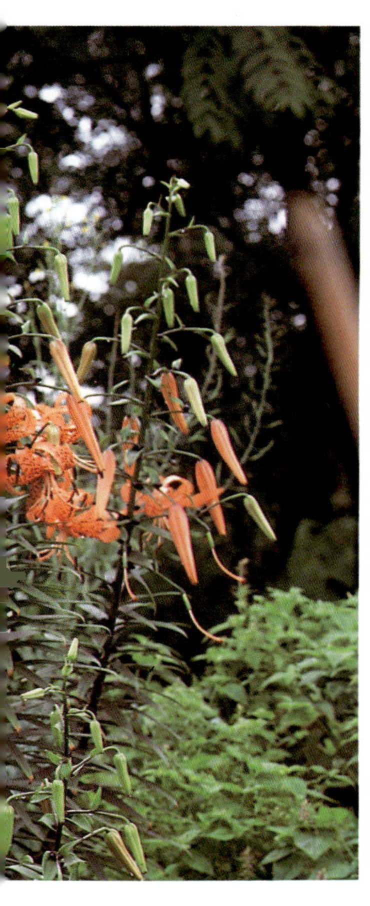
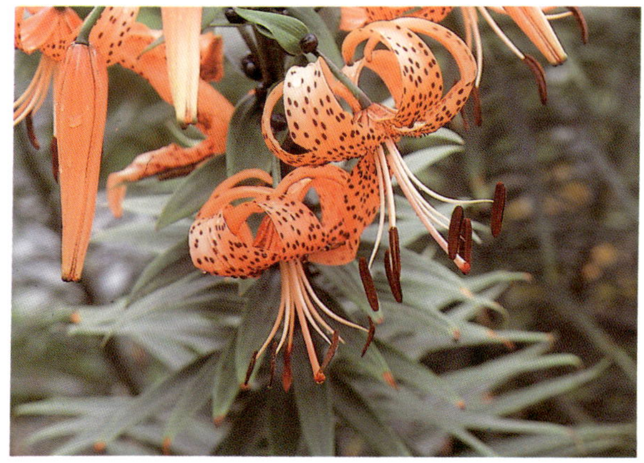
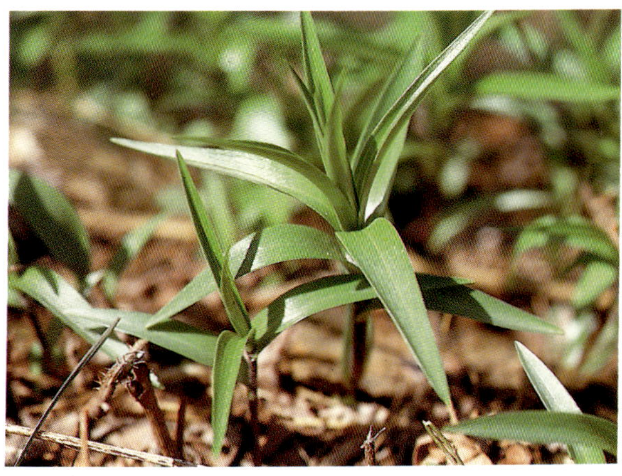

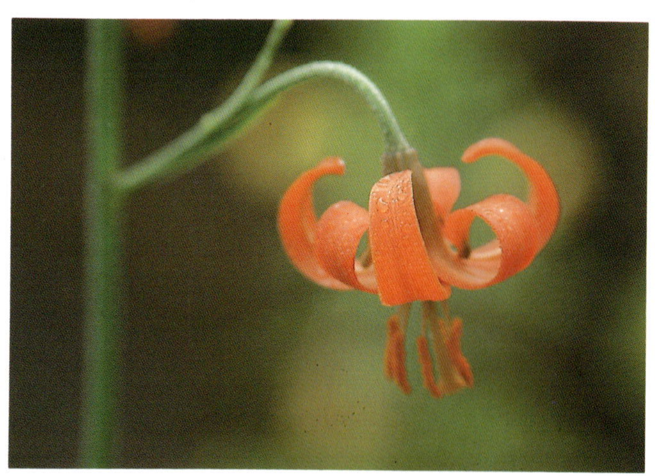

땅나리(條葉百合)　Lilium callosum Sieb. et Zucc.

애기중나리 등으로 불리는 백합과의 여러해살이풀이다. 제주도 및 남부 지방, 중부 지방의 산야지 초원에 자라는 풀이다. 높이 60센티미터 정도 자라며 7, 8월에 꽃이 핀다. 꽃은 황색이 도는 붉은색이며 땅을 향해 아래로 늘어져 핀다. 꽃잎이 보기 좋게 둥글게 뒤로 말아 올린다. 9월에 종자가 익으며 식용, 약용, 관상용으로 쓰인다. 이 풀의 인경(뿌리 비늘줄기)을 강장식으로 먹으며 자양, 강장 및 종기, 건위 등의 약재로 도 쓰인다. 꿀이 있어 벌이 자주 찾는다. 한여름의 초원지에서 다른 풀과 어울려 꽃을 피울 때면 퍽 야생미가 있는 꽃이기도 하다. 봄에 풀포기에서 적당히 분주하여 심으면 잘 자라고 꽃이 핀다. 화단이나 화분에 심으면 여름에 멋진 꽃을 감상할 수 있는 풀이다.

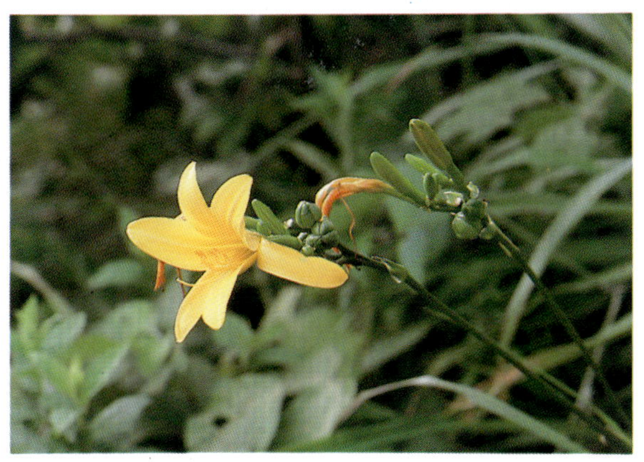

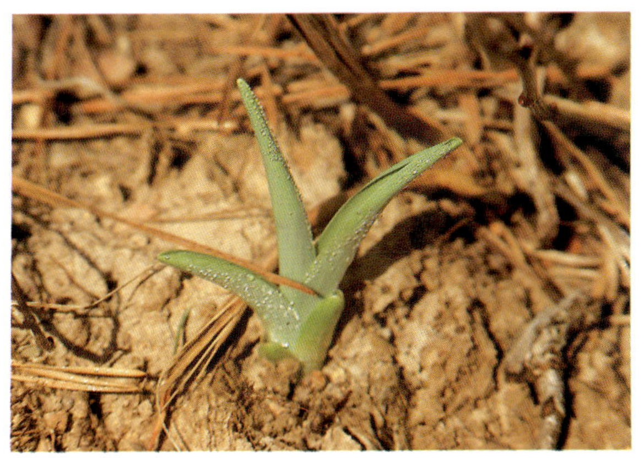

원추리(橙黃玉簪, 黃花菜, 萱草)　Hemerocallis longituba Mia.
　넘나물 등으로 불리는 백합과의 여러해살이풀이다. 한국 특산 식물로 본토의 산야
약간 습한 곳에 잘 자란다. 높이 70센티미터 정도 자라며 6, 7월에 꽃이 핀다. 꽃은
밝은 황색이며 8월에 종자가 익는다. 식용, 약용, 밀원용, 관상용으로 쓰이며 어린순
을 나물로 먹으며 이뇨, 강장 등의 약재로 쓰인다. 봄에 나오는 원추리 나물은 예부터
영양가 좋은 산나물로 알려졌다. 여름의 초원에 기린처럼 목을 길게 늘이고 커다란
꽃을 피우는 풀이며 화단이나 화분에 많이 심으면 좋은 화초가 된다. 원래 뿌리가
비대한 풀이다. 봄에 풀포기에서 적당히 분주하여 심으면 잘 자라지만 뿌리를 건드리
면 그해는 꽃이 잘 피지 못한다. 가을에 종자를 채집하여도 된다. 관상용으로 좋은
야생 백합으로 꽃말은 '지성'이다. (위, 아래)

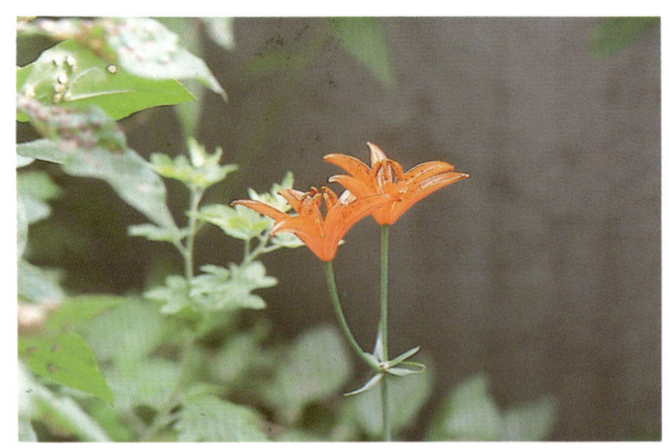

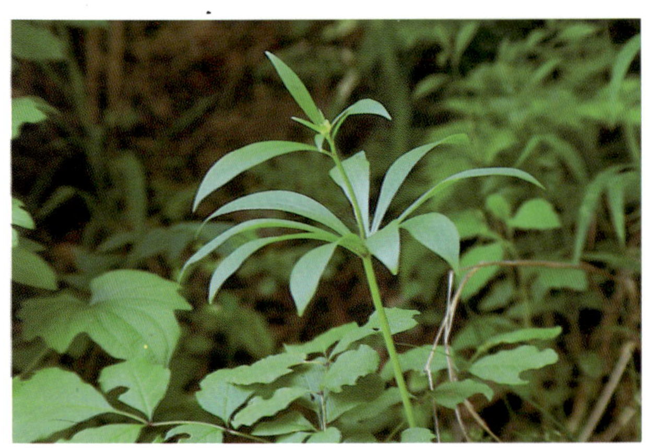

하늘말나리(小芹百合) Lilium miquelianum Makino.

하눌말나리 등으로 불리는 백합과의 여러해살이풀이다. 우리나라 남부 지방, 중부 지방, 북부 지방의 산지에 흔히 자라는 풀이다. 높이 1미터 정도 자라며 7월부터 9월 사이에 꽃이 핀다. 꽃은 붉은색이며 하늘을 향해서 핀다. 풀잎은 보기 좋게 수레바퀴처럼 둘러난다. 10월에 종자가 익으며 식용, 약용, 관상용으로 쓰인다. 종기, 토혈, 유방암, 강심, 진정, 해소, 기관지염, 후두염, 신경 쇠약, 폐렴, 해독, 각혈 등의 약재로 쓰이며 봄에 풀포기에서 적당히 분주하여 화단이나 화분에 심으면 모양 좋은 풀잎과 더불어 여름에 자그마한 백합을 감상할 수 있다. 집안에 옮기면 좀처럼 꽃을 피우지 못하나 시일이 지나면 꽃을 피운다. 관상용 야생초로 매우 훌륭한 풀이며 생명력이 강한 풀이다. (위, 아래)

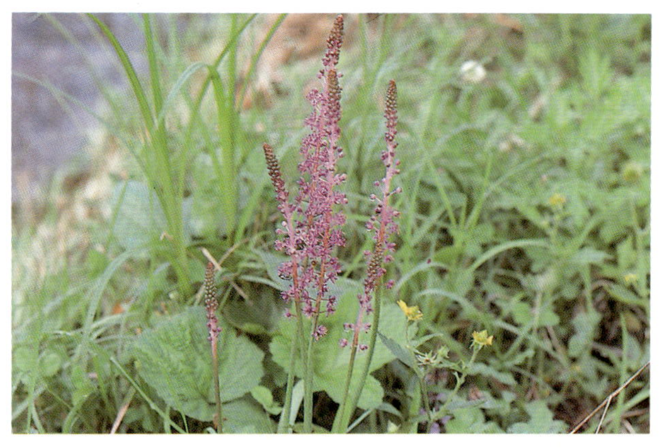

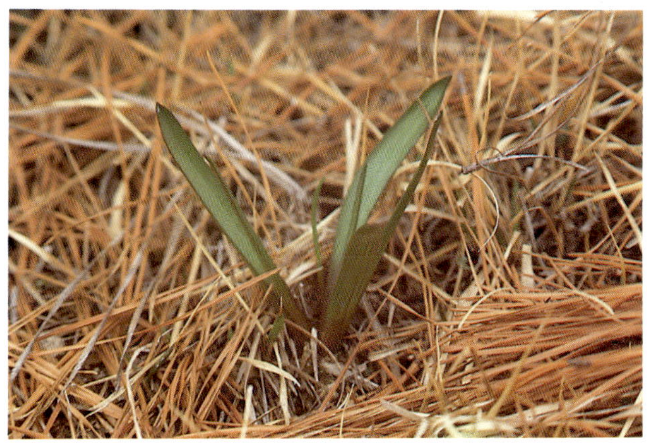

무릇(天蒜)　Scilla sinensis Merr.

　야자고 등으로 불리는 백합과의 여러해살이풀이다. 전국의 야지 및 밭에 흔히 자란다. 산 아래 부근 둑에 많이 있다. 높이 50센티미터 정도 자라며 7월부터 9월 사이에 꽃이 핀다. 꽃은 연한 보라색이며 이삭 모양으로 핀다. 10월에 종자가 익으며 식용, 약용, 관상용으로 쓰인다. 봄에 인경과 어린 잎을 자양, 강장 및 영양식으로 먹으며 쌀뜨물과 같이 섞어 엿처럼 고아서 먹는다. 건위, 강심 등의 약재로 쓰인다. 여름의 둑에 풀잎은 안 보이고 가느다란 꽃대만 보이는 풀이며 매우 생명력이 강하여 인경을 뽑아 놓아도 꽃이 핀다. 봄에 풀포기를 적당히 분주하여 심으면 잘 자라고 가을에 종자를 채집하여 뿌려 두면 잘 자란다. 화단이나 화분에 심으면 어울리며 풀잎이 난초잎같이 날렵하여 보기 좋다. 꽃말은 '자랑'이다.(위, 아래)

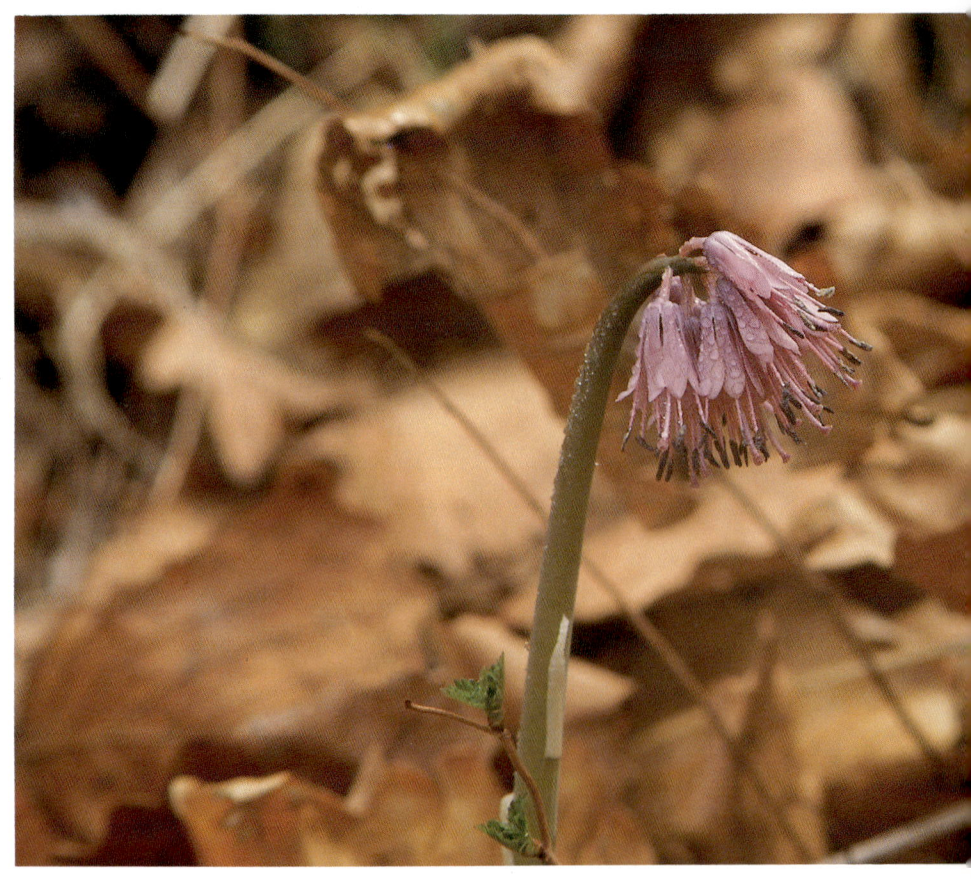

처녀치마(胡麻花, 紫花東方湖麻花)　Heloniopsis orientalis Koidzumi. var. purpurea Nakai.
성성이치마, 치마풀 등으로 불리는 백합과의 여러해살이풀이다. 본토 산의 음지에 흔히 자라는 풀이다. 높이 30센티미터 정도 자라며 5월부터 7월 사이에 꽃이 핀다. 꽃은 자주색이며 고개를 숙여 여러 개가 모여 핀다. 8월에 종자가 익으며 관상용으로 쓰인다. 겨울의 눈 속에서도 풀잎이 대개는 시들지 않고 땅에 누워 있으며, 이른봄 얼음이 녹으면서 새싹과 더불어 꽃대가 올라와 꽃을 피운다. 누런 낙엽 사이로 풀잎은 안 보이고 꽃대만 보이는 풀이기도 하며, 풀잎이 땅에 퍼져 있으며 꽃잎 같은 치마폭을 펼쳐 놓은 듯한 풀이기도 하다. 이른봄에 풀포기를 적당히 분주하여 심으면 잘 자라고 여름에 종자를 채취하여 심으면 된다. 봄에 일찍 피는 꽃 가운데 하나이다.(왼쪽, 오른쪽)

108

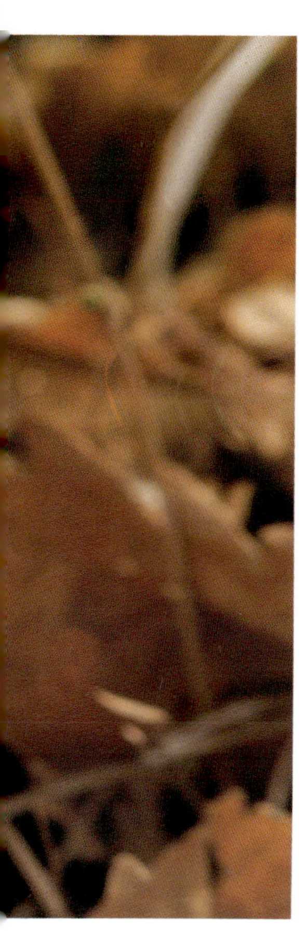

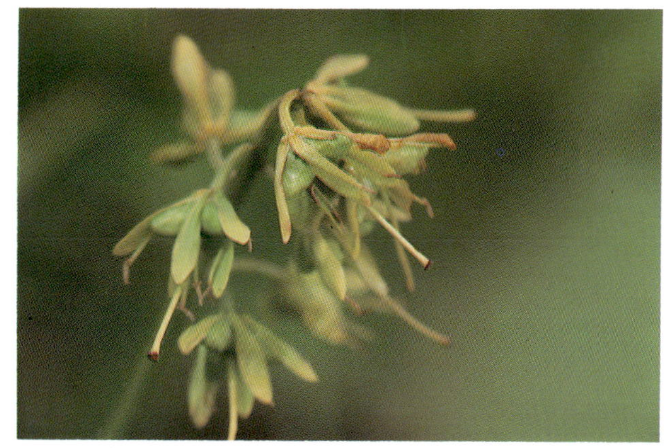

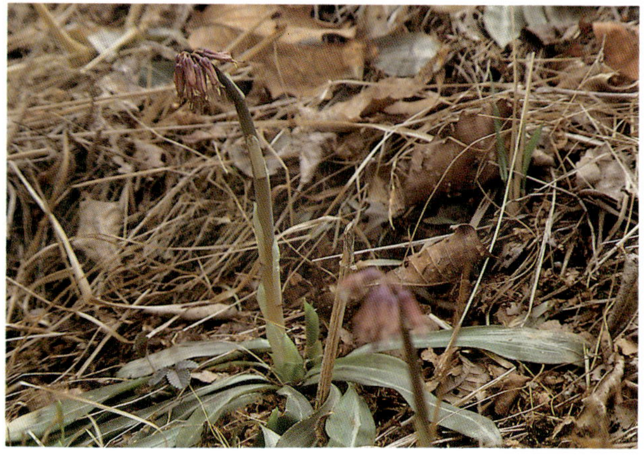

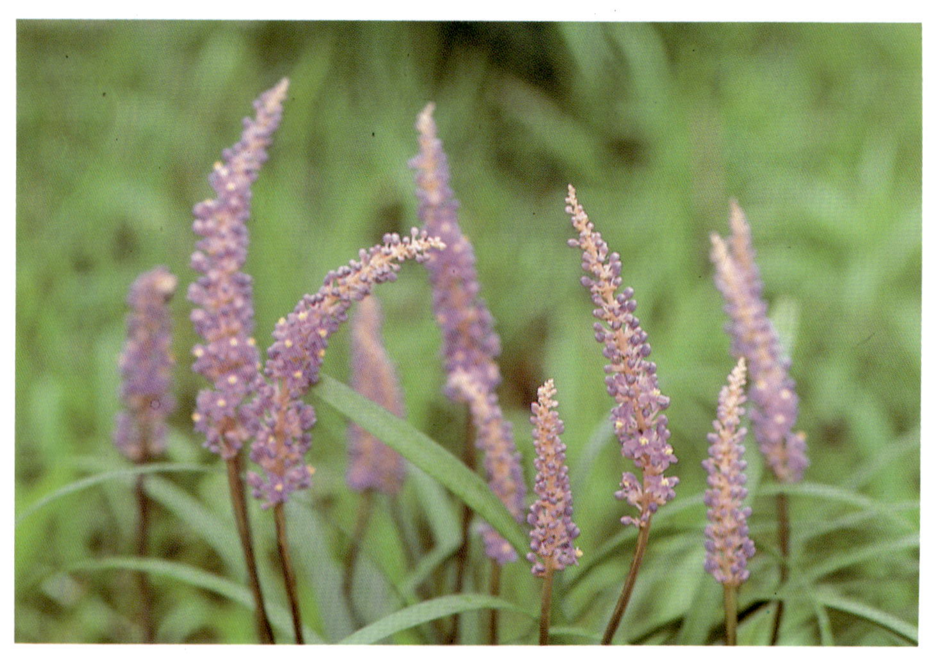

맥문동(麥門冬) Lillope koreana Nakai.

개맥문동 등으로 불리는 백합과의 숙근초이다. 전국의 산지에 흔히 자라는 풀이고 약초 농가에서 재식도 하는 풀이다. 높이 30센티미터 정도 자라며 7, 8월에 꽃이 피고 꽃은 연한 보라색으로 이삭 모양으로 모여 핀다. 10월에 종자가 익으며 관상용, 약용으로 쓰인다. 해열, 감기, 진정, 강장, 명목, 진해 등의 약재로 쓰이며 이 풀의 뿌리에 괴경이 달린다. 이 괴경을 맥문동이라 하여 한약재로 쓰인다. 풀잎이 날렵하고 정돈된 모습이라 관상초로 많이 사용한다. 봄에 풀포기에서 적당히 분주하여 심으면 잘 자란다. 가을이면 흑청색의 종자가 보기 좋게 열리어 또 한번 즐거움을 주는 풀이다. 대개는 종자보다 뿌리 번식이 잘 되는 풀이다.

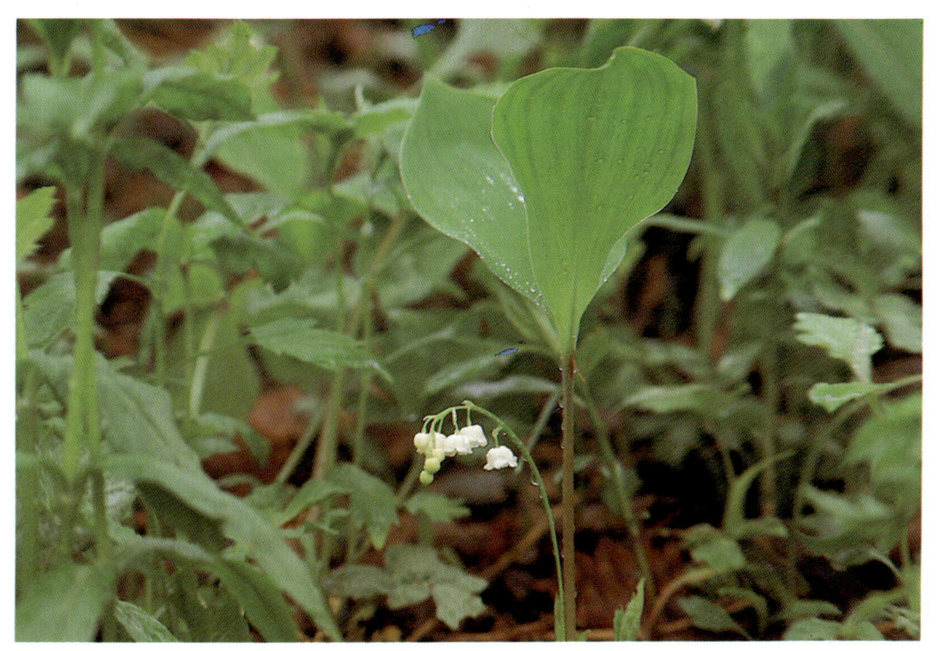

은방울꽃(鈴蘭, 草玉鈴, 五月花)　Convallaria keiskei Miq.
　향수화 등으로 불리는 백합과의 여러해살이풀이다. 우리나라 남부 지방 무등산 및 중부 지방, 북부 지방의 고산지 초원에 많이 자란다. 높이 20센티미터 정도 자라며 5, 6월에 꽃이 피고 꽃은 백색으로 자그만 방울같이 매달려 핀다. 7월에 종자가 익으며 관상용, 약용으로 쓰인다. 강심, 이뇨 등의 약재로 쓰이며 흔히 관상용으로 심고 화훼 농가에서 재식도 한다. 풀잎의 모양이 깨끗하여 봄에 풀포기에서 적당히 분주하여 화단 및 화분에 심으면 된다. 옮겨 심으면 좀처럼 꽃이 피지 못하나 해가 거듭할수록 꽃이 핀다. 이 풀은 대개 뿌리로 번식된다. 한두 포기 심어 두면 뿌리가 벌어져 여러 포기의 화초가 된다. 뜰 앞 화단에 심으면 여름내 싱그러운 풀잎을 감상할 수 있다. 꽃말은 '행복이 온다' '행복한 소식'이다.

산자고(山慈姑, 老鴉瓣)　Amana edulis Honda.

물구, 까추리, 까치무릇 등으로 불리는 백합과의 여러해살이풀이다. 우리나라 제주도 및 남부 지방, 중부 지방의 산야지 초원에 자라는 풀이다. 높이 20~25센티미터 정도 자라며 4, 5월에 꽃이 핀다. 꽃은 백색으로 피며 꽃대가 짧게 나와 핀다. 7월에 종자가 익는다. 식용, 약용에 쓰이며 관상용으로도 쓰인다. 강장, 강심, 진통, 진정 등의 약재로 쓰이며 이른봄 다른 풀잎이 나오기 전에 일찍 풀잎과 꽃대가 나와서 누런 잔디밭에서 별 같은 꽃을 피운다. 풀포기에서 적당히 분주하여 화단이나 화분에 심으면 잘 자라고 특히 잔디밭이 넓은 정원 잔디 사이에 심어 놓으면 이른봄에 잔디가 자라기 전에 잔디밭에서 꽃을 볼 수 있는 풀이다. 화분에도 어울린다.

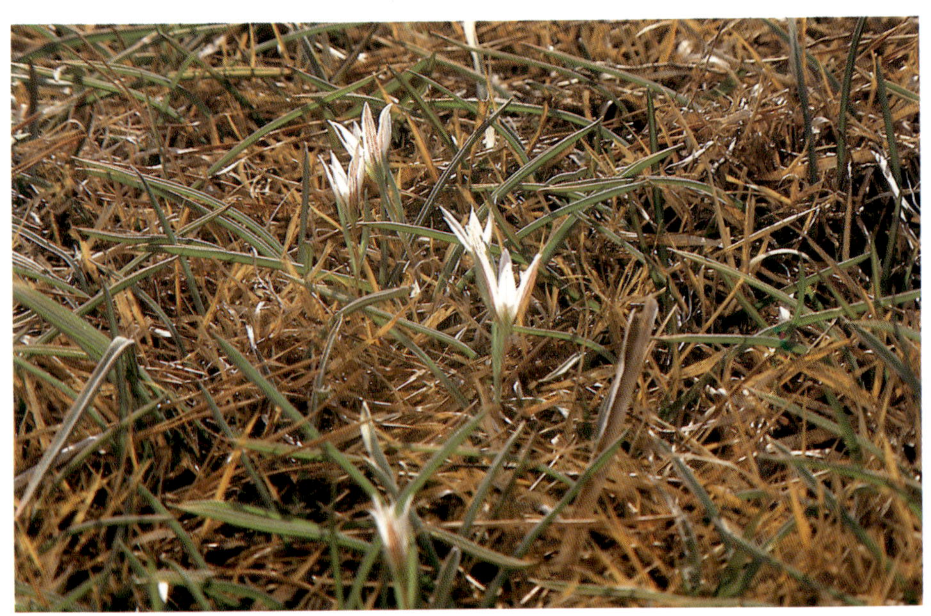

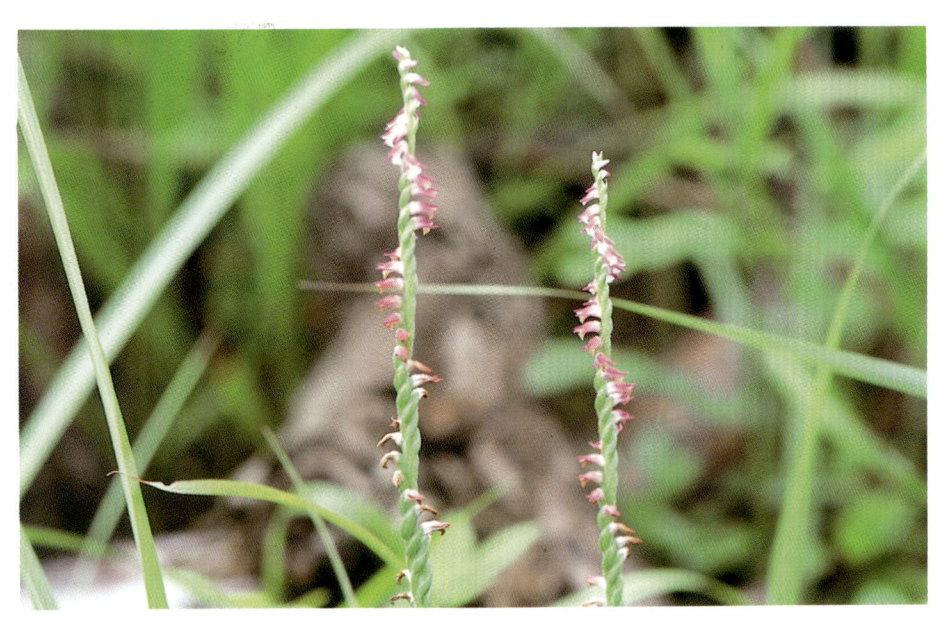

타래란(土洋參)　Spiranthes amoena spreng.

타래난초 등으로 불리는 난초과의 여러해살이풀이다. 전국의 야지 초원에 많이 자라는 풀이다. 높이 60센티미터 정도 자라며 6, 7월에 홍색으로 꽃이 피는데 꽃대를 중심으로 새끼줄같이 꼬아지며 핀다. 8월에 종자가 익으며 관상용으로 심는 풀이다. 여름에 푸른 초원이나 들에 가느다란 자그만 꽃을 달고 애처럽게도 피는 꽃이며 봄에 풀포기에서 적당히 분주하여 심으면 잘 자란다. 화단에 심어도 좋지만 화분에 심으면 더 어울린다. 흔히 난초는 흙으로 심지 않고 난석으로 심지만 이 타래난초는 흙에 심어야 자란다. 화분에도 흙을 담아서 심어야 자란다. 종자는 채집이 어렵다. 여름에 꽃이 필 때 찾아서 옮겨야 하지만 풀잎이 가늘어 찾기가 어렵다.

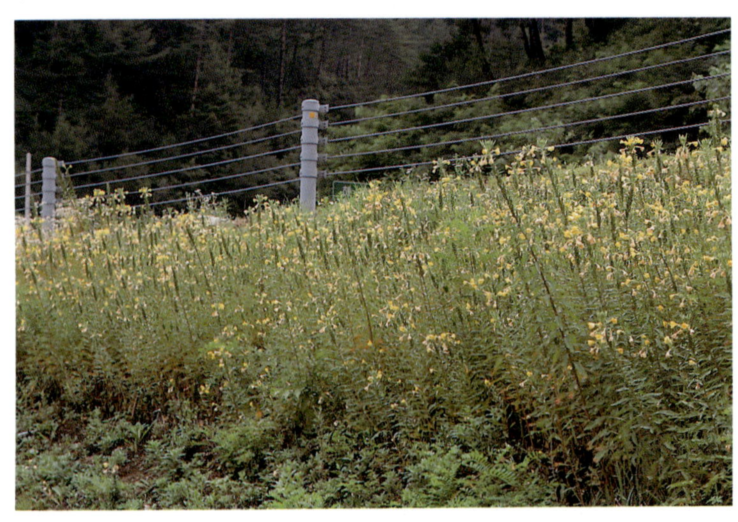

달맞이꽃(月見草, 夜來香, 月下香)　Oenothera odorata Jacq.

　금달맞이꽃, 깨풀 등으로 불리는 바늘꽃과의 두해살이풀이다. 원래 남미 원산인 외지에서 들여온 일종의 귀화 식물이다. 지금은 전국의 야지에 퍼져 흔히 길가 둑에 많이 자란다. 높이 50~90센티미터 정도 자라며 6월부터 9월 사이에 황금색 꽃이 핀다. 꽃은 밤이 되면 피고 해가 돋아나면 곧 오므라든다. 밤에만 핀다 하여 월견초란 이름이 붙여진 모양이다. 낮에 꽃이 시들어도 보기 싫지 않은 풀이다. 종자가 가늘며, 근래 들어 이 종자의 기름으로 뚱뚱보 살 빼는 데 효과 있다고 달맞이종자유가 유행이다. 이 풀은 여름에 종자가 땅에 떨어지면 곧 새싹이 돋아나와 조금 자란 뒤에 겨울을 맞이하게 되며 겨울 동안 풀잎이 죽지 않고 불그레한 색깔을 하고 땅에 깔려 있다. 이른봄 얼음이 녹으면 곧 소생하는 강한 풀이다. 뿌리가 비대하고 깊이 들어간다. 이른봄에 풀포기를 적당히 분주하여 화단에 심으면 곧 잘 자라고 가을에 종자를 채집하여 뿌려 두면 여름에 꽃이 핀다. 꽃대에 종자가 많이 매달려 보기 좋게 익어간다. 꽃말은 '어렴풋한 사랑' '기다림'이다. (왼쪽, 오른쪽)

114

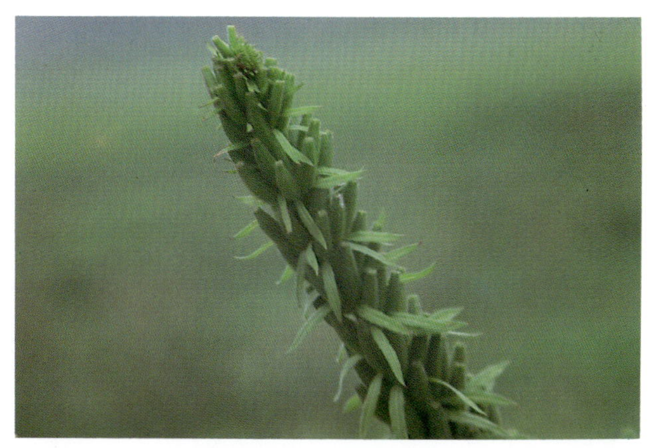

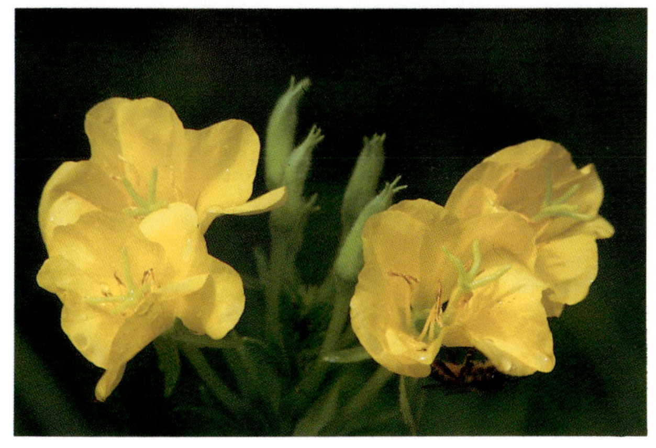

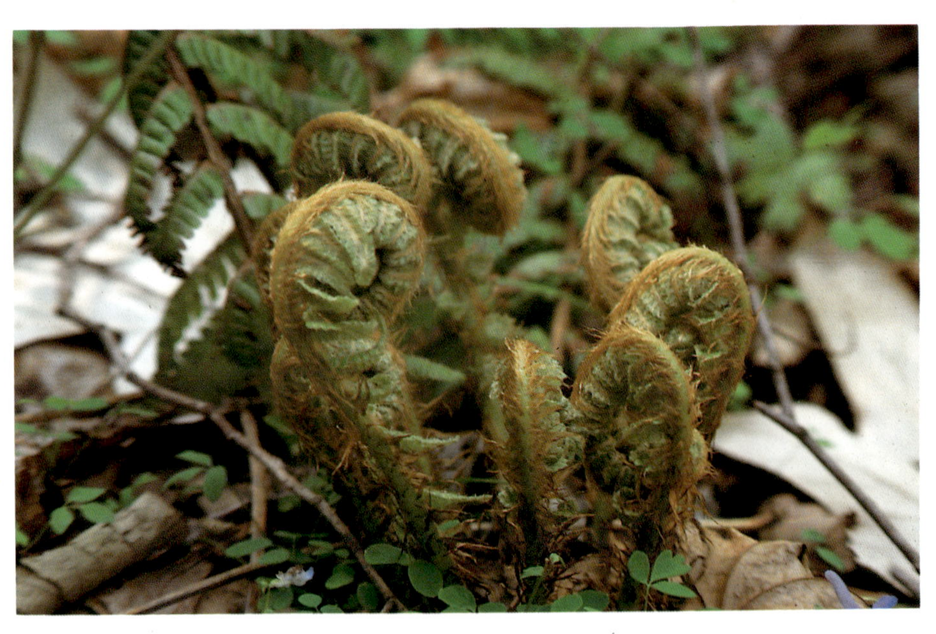

관중(貫仲) Dryopteris crassirhizoma Nakai.
고사리과의 여러해살이풀이다. 전국의 산지 수림 습한 곳에 흔히 자라는 풀이다. 높이 1.4미터 정도 자라며 5, 6월에 포자가 생기며, 9월에 포자가 떨어진다. 식용, 약용, 관상용 등에 쓰이며 해열, 두풍, 자궁 출혈, 삼충 등의 약재로 쓰인다.

116

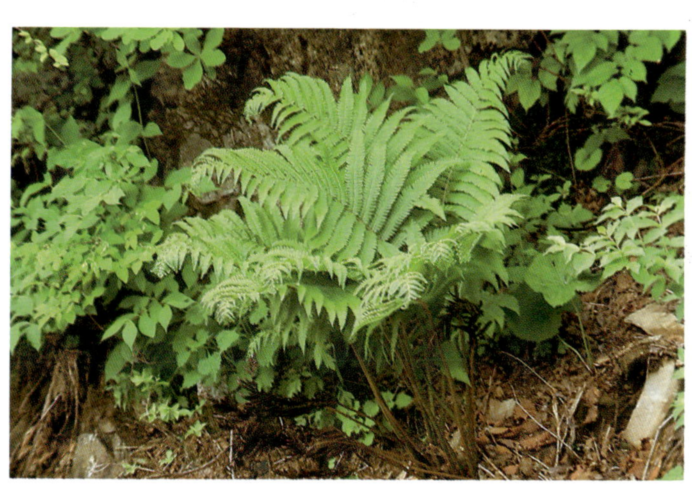

관중은 꽃이 피지 않으나 그 풀잎의 모양이 좋아 관상용으로 적합하다. 풀잎이 둥글게 질서 있게 자라며 크기 때문에 정원에 심으면 어울리는 풀이다. 화분에 심어 아파트의 베란다에 놓아도 어울린다. 특히 돌담 밑에 장식용으로 쓰기 좋은 풀이다. 봄, 여름, 가을은 푸른 잎을 유지하는, 외지의 관엽 식물보다 돋보이는 풀이라 하겠다.

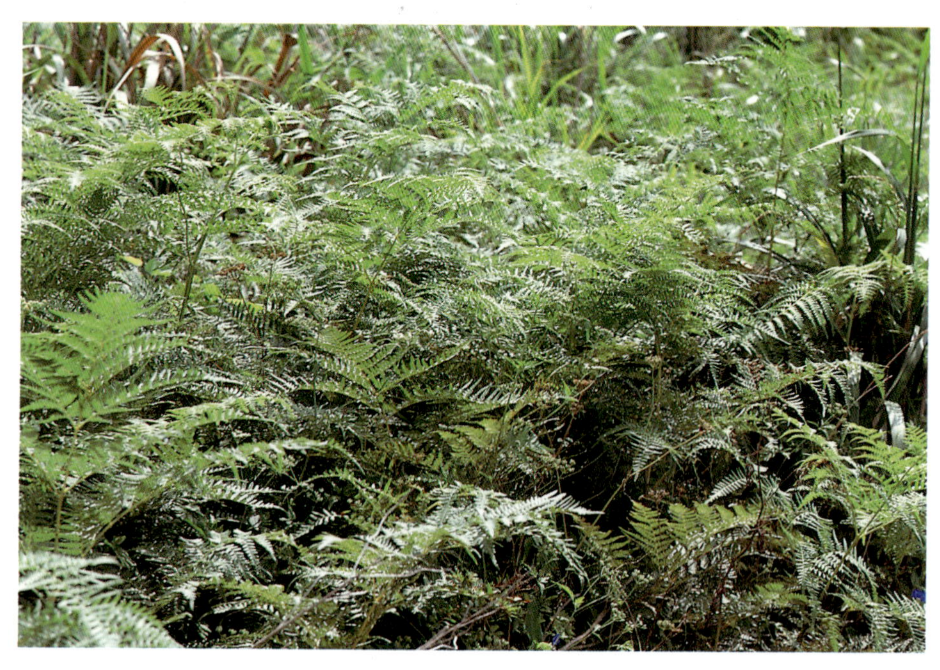

고사리(龍頭菜, 蕨)　　Pteridum aquilinum Kuhn. var. latiusculumdes. et Und.
층층고사리, 고사리밥, 고사리나물 등으로 불리는 고사리과의 여러해살이풀이다. 전국의 산야지에 흔히 자라는 풀이다. 높이 30~150센티미터 정도 자라며 5, 6월에 포자가 잎의 뒷면에 열린다. 포자는 8월에 익는다. 식용, 약용에 쓰이며 봄에 어린순을 고사리 나물이라 하여 나물로 먹으며 이뇨, 통변, 통경 등의 약재로 쓰인다. 이른 봄에 싹이 땅 속에서 올라올 때도 보기 좋지만 잎이 다 자라도 관상 가치가 있는 풀이며 화단에 군집하여 심으면 보기 좋다. 이 고사리의 종류는 다양하다. 봄에 풀포기에서 적당히 분주하여 심으면 잘 자란다. 포자를 이끼 등에 묻혀서 습기를 충분히 주면 곧 발아한다. 관엽 식물로 집에서 기르기에 알맞은 풀이다.

118

참고문헌

송주택 「식물학대사전」1985
　　　　「한국자원식물도감」1983
이창복 「대한식물도감」1979
이영노 「한국동식물도감」18권, 1976
김태정 「한국야생화도감」1988
양인석 「최신백화전서」1983
김준민 「한국식물의 생태」1973
張宏文 外 「중한식물명칭사전」1978
牧野富太郎 「日本植物志」1919

빛깔있는 책들 301-1

집에서 기르는 야생화

글	—김태정
사진	—김태정
발행인	—장세우
발행처	—주식회사 대원사
주간	—박찬중
편집	—김한주, 조은정
미술	—김은하, 최윤정, 한진
전산사식	—김정숙, 육세림, 이규헌

첫판 1쇄 —1989년 11월 15일 발행
첫판 12쇄 —2003년 9월 30일 발행

주식회사 대원사
우편번호/140-901
서울 용산구 후암동 358-17
전화번호/(02) 757-6717~9
팩시밀리/(02) 775-8043
등록번호/제 3-191호
http://www.daewonsa.co.kr

이 책에 실린 글과 그림은, 저자와 주
식회사 대원사의 동의가 없이는 아무
도 이용하실 수 없습니다.

잘못된 책은 책방에서 바꿔 드립니다.

책값/6400원

Daewonsa Publishing Co., Ltd.
Printed in Korea(1989)

ISBN 89-369-0093-5 00480
ISBN 89-369-0000-5(세트)

빛깔있는 책들

민속(분류번호 : 101)

1	짚문화	2	유기	3	소반	4	민속놀이(개정판)	5	전통 매듭
6	전통 자수	7	복식	8	팔도 굿	9	제주 성읍 마을	10	조상 제례
11	한국의 배	12	한국의 춤	13	전통 부채	14	우리 옛 악기	15	솟대
16	전통 상례	17	농기구	18	옛다리	19	장승과 벅수	106	옹기
111	풀문화	112	한국의 무속	120	탈춤	121	동신당	129	안동 하회 마을
140	풍수지리	149	탈	158	서낭당	159	전통 목가구	165	전통 문양
169	옛 안경과 안경집	187	종이 공예 문화	195	한국의 부엌	201	전통 옷감	209	한국의 화폐
210	한국의 풍어제								

고미술(분류번호 : 102)

20	한옥의 조형	21	꽃담	22	문방사우	23	고인쇄	24	수원 화성
25	한국의 정자	26	벼루	27	조선 기와	28	안압지	29	한국의 옛 조경
30	전각	31	분청사기	32	창덕궁	33	장석과 자물쇠	34	종묘와 사직
35	비원	36	옛책	37	고분	38	서양 고지도와 한국	39	단청
102	창경궁	103	한국의 누	104	조선 백자	107	한국의 궁궐	108	덕수궁
109	한국의 성곽	113	한국의 서원	116	토우	122	옛기와	125	고분 유물
136	석등	147	민화	152	북한산성	164	풍속화(하나)	167	궁중 유물(하나)
168	궁중 유물(둘)	176	전통 과학 건축	177	풍속화(둘)	198	옛 궁궐 그림	200	고려 청자
216	산신도	219	경복궁	222	서원 건축	225	한국의 암각화	226	우리 옛 도자기
227	옛 전돌	229	우리 옛 질그릇	232	소쇄원	235	한국의 향교	239	청동기 문화
243	한국의 황제	245	한국의 읍성	248	전통장신구				

불교 문화(분류번호 : 103)

40	불상	41	사원 건축	42	범종	43	석불	44	옛절터
45	경주 남산(하나)	46	경주 남산(둘)	47	석탑	48	사리구	49	요사채
50	불화	51	괘불	52	신장상	53	보살상	54	사경
55	불교 목공예	56	부도	57	불화 그리기	58	고승 진영	59	미륵불
101	마애불	110	통도사	117	영산재	119	지옥도	123	산사의 하루
124	반가사유상	127	불국사	132	금동불	135	만다라	145	해인사
150	송광사	154	범어사	155	대흥사	156	법주사	157	운주사
171	부석사	178	철불	180	불교 의식구	220	전탑	221	마곡사
230	갑사와 동학사	236	선암사	237	금산사	240	수덕사	241	화엄사
244	다비와 사리	249	선운사						

음식 일반(분류번호 : 201)

60	전통 음식	61	팔도 음식	62	떡과 과자	63	겨울 음식	64	봄가을 음식
65	여름 음식	66	명절 음식	166	궁중음식과 서울음식			207	통과 의례 음식
214	제주도 음식	215	김치						

건강 식품(분류번호: 202)

105 민간 요법　　181 전통 건강 음료

즐거운 생활(분류번호: 203)

67 다도　　68 서예　　69 도예　　70 동양란 가꾸기　　71 분재
72 수석　　73 칵테일　　74 인테리어 디자인　　75 낚시　　76 봄가을 한복
77 겨울 한복　　78 여름 한복　　79 집 꾸미기　　80 방과 부엌 꾸미기　　81 거실 꾸미기
82 색지 공예　　83 신비의 우주　　84 실내 원예　　85 오디오　　114 관상학
115 수상학　　134 애견 기르기　　138 한국 춘란 가꾸기　　139 사진 입문　　172 현대 무용 감상법
179 오페라 감상법　　192 연극 감상법　　193 발레 감상법　　205 쪽물들이기　　211 뮤지컬 감상법
213 풍경 사진 입문　　223 서양 고전음악 감상법　　251 와인

건강 생활(분류번호: 204)

86 요가　　87 볼링　　88 골프　　89 생활 체조　　90 5분 체조
91 기공　　92 태극권　　133 단전 호흡　　162 택견　　199 태권도
247 씨름

한국의 자연(분류번호: 301)

93 집에서 기르는 야생화　　94 약이 되는 야생초　　95 약용 식물　　96 한국의 동굴
97 한국의 텃새　　98 한국의 철새　　99 한강　　100 한국의 곤충　　118 고산 식물
126 한국의 호수　　128 민물고기　　137 야생 동물　　141 북한산　　142 지리산
143 한라산　　144 설악산　　151 한국의 토종개　　153 강화도　　173 속리산
174 울릉도　　175 소나무　　182 독도　　183 오대산　　184 한국의 자생란
186 계룡산　　188 쉽게 구할 수 있는 염료 식물　　189 한국의 외래·귀화 식물
190 백두산　　197 화석　　202 월출산　　203 해양 생물　　206 한국의 버섯
208 한국의 약수　　212 주왕산　　217 홍도와 흑산도　　218 한국의 갯벌　　224 한국의 나비
233 동강　　234 대나무　　238 한국의 샘물　　246 백두고원

미술 일반(분류번호: 401)

130 한국화 감상법　　131 서양화 감상법　　146 문자도　　148 추상화 감상법　　160 중국화 감상법
161 행위 예술 감상법　　163 민화 그리기　　170 설치 미술 감상법　　185 판화 감상법
191 근대 수묵 채색화 감상법　　194 옛 그림 감상법　　196 근대 유화 감상법　　204 무대 미술 감상법
228 서예 감상법　　231 일본화 감상법　　242 사군자 감상법

역사(분류번호: 501)

252 신문